最初からそう教えて
くれればいいのに！

Accessの
データベースの

2021/2019/
Microsoft 365
対応

ツボとコツが
ゼッタイにわかる本

立山秀利 ● 著

秀和システム

はじめに

・・

　IT化が進んだ現在の私たちの生活のなかで、データベースは欠かせない存在となっています。なかでもデータベースの一種である「リレーショナルデータベース」は、インターネットのショッピングサイトをはじめ、銀行のATMや飛行機のチケット発券システムなど、幅広いシーンで利用されており、その重要性は日増しに高まっています。

　そのようなリレーショナルデータベースを構築するためのソフトウェアの1つが、マイクロソフト社製の「Access」です。個人やお店、小規模な企業などがパソコンを使い、本格的なデータベースを構築するのに適したアプリケーションです。さらには、データベースを構築するだけでなく、蓄積したデータの検索はもちろん、データ入力用のフォームを作成したり、データを加工して作成したレポートを出力したりなど、多彩で強力な機能を備えた優れたソフトウェアです。

　ただ、Accessは多機能・高機能で便利な反面、「初心者には難しい」と言われているのも事実です。その原因はさまざまです。まずはAccessは操作方法だけマスターしても、データベースそのものの基本となる知識がなければ、"使える"データベースはまず構築できないでしょう。このような知識を初心者の方がお持ちでないのはあたりまえの話です。

　そして、Accessには数多くの機能を備えており、なおかつ、同じことを行うのに手段が何通りか用意されています。慣れてくれば重宝するのですが、初心者にとってはただ混乱のもととなる危険性と隣り合わせと言わざるを得ません。

　加えて、ユーザーインターフェースもわかりづらい箇所がいくつかあります。また、検索等の命令である「クエリ」の作成にしても、すべてGUIベースで行えるのではないなど、初心者にはハードルが高いと思われる部分が散見されます。

　このままだと、せっかくAccessは高いポテンシャルを備えた素晴らしいソフトなのに、初心者ではうまく使えないまま、宝の持ち腐れで終わってしまうでしょう。

そこで本書では、Accessとデータベースおよびリレーショナルデータベースの初心者でも、データベース構築の基礎を無理なく学べるよう、懇切丁寧な解説を試みました。データベースの作成や検索のやり方などについて、仕組みや操作を極力図解を多用し、視覚的に理解していただけるようにしています。

　学習のレベルも、いきなり高レベルな内容を学ぶのではなく、まずは "リレーショナルではない" シンプルなデータベースというハードルの低い内容から始め、徐々に複雑な検索などをこなした後、リレーショナルデータベースの学習に入ります。このように段階的な学習の道のりをたどることで、初心者でもAccessとデータベースおよびリレーショナルデータベースをより確実にマスターできるようにしてあります。

　ただ、本書では学習内容を絞っているため、カバーしきれていない内容が多少あります。初心者の方々に著者がオススメする学習方法は、まずは最初のステップとして、本書を出発点にAccessによるデータベース構築のコツとツボを身につけます。本書を卒業した後、リファレンス型の書籍やWebサイトなどを参考にしつつ、仕事などで実際にAccessを使うなかで、必要な内容を適宜調べながら学んでいくとよいでしょう。

　読者のみなさんがAccessによるデータベース構築をマスターすることに、本書が少しでもお役に立てれば幸いです。

立山秀利

本書の使い方

● Access 2021 と Access 2019 と Microsoft 365版 Access の操作方法の違いについて

本書は Access 2021 と Access 2019 の両バージョンに対応しています。本書に登場する内容については、操作方法も画面も両バージョンで違いはありません。本書では、Access 2021 で解説を進めていきます。解説で用いる画面の背景は [背景なし]、テーマは [カラフル] とします（設定変更は [ホーム] 画面の [アカウント] からできます）。Acces 2021 から搭載された新機能は、主なものを巻末資料6で紹介しています。また、Access 2019 の画面や操作方法で、Access 2021 と異なる箇所は巻末資料7で紹介しています。

Microsoft 365版の Access も、本書執筆時点（2022年12月）では操作方法も画面も Access 2021 と違いはないため対応しています。なお、今後アップデートなどによって違いが生じる可能性があります。

OSは Windows 11 で解説します。

ダウンロードファイルについて

本書では Access によるデータベース構築の学習を進める中で、読者のみなさんには「蔵書」と「受注管理」という2つのデータベースを Access で作成していただきます。各データベースの Access ファイルは下記のホームページからダウンロードしてください。

● 本書掲載のプログラム

本書のサポートページからダウンロードしてください。

URL　https://www.shuwasystem.co.jp/support/7980html/6936.html

Webサイトに記載されている方法にしたがい、ご使用の Access のバージョン用のファイルをダウンロードしてください。ダウンロードしたファイルは圧縮されているので、ダブルクリックするなどして適宜解凍してください。

ダウンロード可能な Access ファイルの種類は、大きく分けて下記2タイプになります。

❶「蔵書」と「受注管理」の両データベースの完成版
❷ 各章の各節終了時点でできあがった状態のもの

データベース構築を始める前に、完成版をダウンロードして実際に操作してみて、どのようなデータベースをこれから作成するのか、イメージをつかんでおくとよいでしょう。一方、各章の各節終了時点でできあがった状態の Access ファイルは、各章各節の学習の参考にしてください。また、途中の章・節から学習を始める際に利用するのもよいでしょう。

最初からそう教えてくれればいいのに！

Accessの データベースの ツボとコツが ゼッタイにわかる本

2021/2019/Microsoft 365対応

Contents

第7章　レポート

第 **1** 章

リレーショナル
データベース
ことはじめ

・・・・・・・・・・・・・・・・・・・・・・・・・・・

　本書では、Accessを用いた学習に入る前に、基本となるデータベースおよびリレーショナルデータベースについて学びます。これからAccessを使って何を作り、どんなことを行っていくのか、しっかりと認識しておきましょう。

1-1 データベースとは

データベースは身近なモノ

　私たちは普段生活しているなかで、さまざまな情報を扱っています。その際、たとえば友達の連絡先をところかまわず殴り書きにメモするなど、適当に管理していたのでは、必要なときにすぐ取り出せなかったり、なくしてしまったりします。ゆえに、適切に管理する方法や仕組みが欠かせません。たとえば、友達の連絡先なら、手帳に五十音別に分類して書いておくなどです。

　コンピュータの世界でも同様に、情報であるデータは必要なときに必要なものを素早く取り出せたり、なくしてしまわないようにするため、適切に管理しなければなりません。そのための仕組みが「データベース」になります。データベースはさまざまな種類に及ぶ膨大なデータを、ユーザーが定めたルールに基づいて整理して保存し、必要なときにいつでも素早く検索して取り出せるよう管理します。単なるデータの集合体ではなく、そのように管理されてこそ、本当の意味でデータベースと言えるのです（図1）。

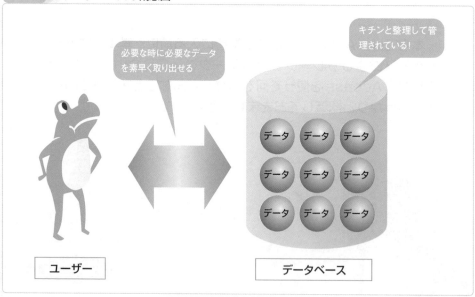

図1　データベースの概念図

必要な時に必要なデータを素早く取り出せる

キチンと整理して管理されている!

データ　データ　データ
データ　データ　データ
データ　データ　データ

ユーザー　　　　　データベース

　みなさんも普段からデータベースを使っていることでしょう。身近なデータベースの代表選手はパソコンのメールソフトのアドレス帳です。Excelなどの表計算ソフトで何かリストを作っているなら、それも立派なデータベースです。そう思えば、データベースといっても、それほど特別でも敷居の高いものではないでしょう。

　また、データベースが使われている身近なサービスの例の代表が、インターネットのショッ

ピングサイトです。ショッピングサイトでは、商品名や価格など各商品の情報を、事業者の
システム内にあるデータベースでまとめて管理しています。また、利用者であるユーザーが
会員登録した場合、その会員情報もデータベースで管理します。そして、ユーザーが商品を
購入したり検索したりした履歴もデータベースで管理しておき、その情報を分析してユーザー
ごとにオススメ商品をメールで紹介するなどデータベースを活用しています。

　他にも銀行のATMや飛行機のチケット発券のシステムなど、データベースは私たちの身
近なところでさまざまな用途に利用されているのです（図2）。

図2 **データベースは身近なところでさまざまな用途に利用されている**

リレーショナルデータベースことはじめ

1-2 リレーショナルデータベースの概略を知ろう

● フィールドとレコードとテーブルとは

　本節では、データベースのもう少し具体的な正体に迫りつつ、みなさんに学習していただく「**リレーショナルデータベース**」というデータベースの一種について、その概要を把握していただきます。

　まずみなさんにおぼえていただきたいのは、データベースが実際にデータを管理する基本的な形です。ここで、みなさんが友達の連絡先を管理する際、どのようにしているか考えてみてください。まっさきに思い浮かべる方法は、友達1人について、名前や携帯番号やメールアドレスなど項目ごとにデータをそれぞれ記録し、友達の数だけ同様に繰り返していくことでしょう（図1）。

　実はこのようなオーソドックスと言えるデータ管理のやり方は、データベースの基本形になるのです。データベースは基本的にこの形式を基本にし、発展させたものになります。

 図1 アドレス帳の例

名前：立山秀利
住所：東京都港区
電話番号：03-****-****
携帯番号：090-****-****
年齢：38

名前：駒場智
住所：神奈川県横浜市
電話番号：045-****-****
携帯番号：080-****-****
年齢：36

名前：横関秀樹
住所：千葉県千葉市
電話番号：043-****-****
携帯番号：090-****-****
年齢：34

　このようなデータ管理のやり方は、表としてあらわすことができます。列方向（横方向）に名前などの項目を並べ、行方向（縦方向）に友達1人1人のデータを並べていくという形式です。Excelなどの表計算ソフトで友達の連絡先を作るとなると、まさにこのような形式になるかと思います（図2）。

図2　表の形式であらわせる

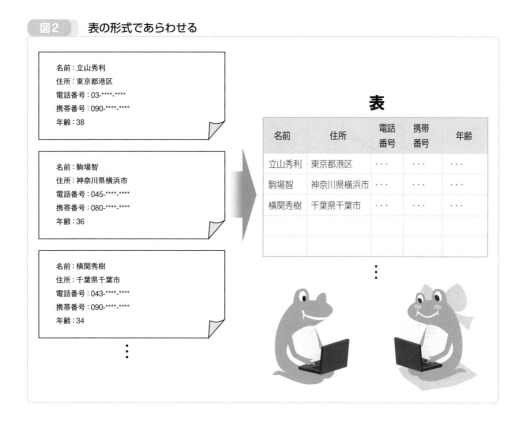

　データベースの世界では、表であらわした場合に列方向に並ぶ項目のことを「**フィールド**」と呼びます。そして、行方向に並んだ1件1件のデータのことを「**レコード**」と呼びます。友達の連絡先の例では、名前や住所や電話番号などの項目がフィールドであり、1人1人のデータがレコードになります。この例のように、1件のレコードは通常、複数のフィールドで構成されます。

　そして、このようにフィールドとレコードで構成された表のことを「**テーブル**」と呼びます。テーブルはいわば、データを整理して保持しておくための"入れ物"になります。

　これらの3つの言葉とその意味を、まずはしっかりとおさえてください（図3）。

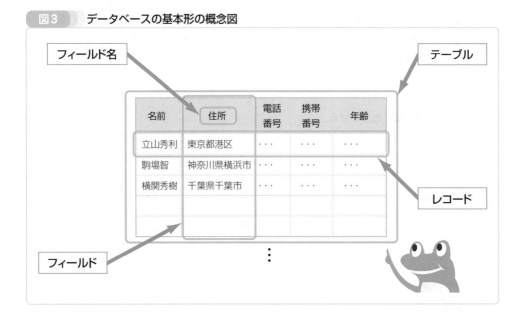

図3 データベースの基本形の概念図

　データベースでは基本的に図3のような形式でデータが管理されます。データベースのデータは実際には、一般的なアプリケーションと同じく、ハードディスクなどの上にファイルとして保存されます。

リレーショナルデータベースのイメージ

　データベースには、「**カード型**」や「**オブジェクト型**」や「**ネットワーク型**」など、いくつか種類があるのですが、その中で現在もっとも広く利用されているのが「**リレーショナルデータベース**」です。本書でみなさんに学んでいただくデータベースもリレーショナルデータベースになります。ここでは「リレーショナルデータベース」という名前だけ認識し、他の種類のデータベースの名前は忘れていただいても構いません。

　では、リレーショナルデータベースとは、一体どのようなデータベースなのでしょうか？

　リレーショナルデータベースとは、「複数のテーブル同士が連携してデータを管理するデータベース」になります。……と、リレーショナルデータベースのことは一言で説明できるのですが、データベース初心者である読者のみなさんには、この説明ではチンプンカンプンかと思います。

　リレーショナルデータベースの具体像、そして、なぜテーブルが複数あって連携する必要があるのか？　などは追々ジックリと説明しますので、ここでは「リレーショナルデータベース」という言葉と、図4のイメージ図だけを頭の片隅にとどめておくだけでOKです。

図4 リレーショナルデータベースのイメージ図

○○	○○○	○○
***	*****	…
***	*****	…
***	*****	…

複数のテーブル同士が連携

××××	××	××	××
***	…	…	…
***	…	…	…
***	…	…	…

△△△	△△△△△	△△	△△	△△
***	*****	…	…	…
***	*****	…	…	…
***	*****	…	…	…

本書の学習の流れ

　リレーショナルデータベースはデータベース初心者には少々敷居が高く、データベース初心者がいきなり"本格的な"リレーショナルデータベースの学習にチャレンジしようとすると、たいていは混乱してしまうでしょう。ここでいう「"本格的な"リレーショナルデータベース」とは、複数のテーブルで構成され、互いに連携しているデータベースという意味になります。

　そのため本書ではみなさんが混乱しないよう、最初は"本格的な"リレーショナルデータベースを扱いません。これから4章までは、図3のアドレス帳のような単一のテーブルのみで構成されたごくシンプルなデータベースを使って、基本的な学習を順に進めていきます。そして、5章から本格的なリレーショナルデータベースを使った学習に入るという段階的なアプローチを採ります（図5）。

図5 本書の学習の流れ

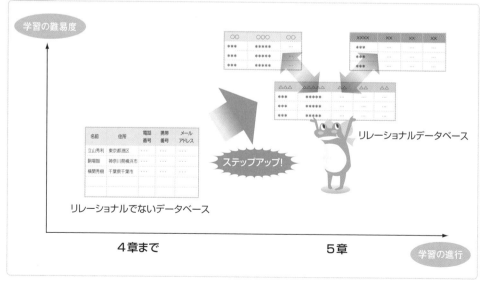

学習の難易度

リレーショナルデータベース

名前	住所	電話番号	携帯番号	メールアドレス
立山秀利	東京都港区	…	…	…
駒場智	神奈川県横浜市	…	…	…
横関秀樹	千葉県千葉市	…	…	…

ステップアップ！

リレーショナルでないデータベース

4章まで　　　　5章　　　　学習の進行

1-3 Accessで データベースを構築する

Accessでできること

　Accessとは、一言で表せば、「データベースソフト」です。データベースソフトをもう少しつっこんだ表現をすれば、「ユーザーが目的のデータベースを構築するためのツール」と言えます。では、具体的にはどのような機能を備え、どのようなことができるのでしょうか？

　1-1節では、データベースとは単なるデータの集合体ではなく、さまざま種類に及ぶ膨大なデータを、ユーザーが定めたルールに基づいて整理して保存し、多彩な条件で素早く検索して取り出せるよう管理したものと説明しました。データベースソフトであるAccessとは、このようにデータを整理・保存したり、検索したりする仕組みを提供するソフトウェアなのです（画面1、図1）。たとえば、1-2節で学んだテーブルを作成する機能（詳細は2章で解説します）をはじめ、さまざまな機能を備えています。

▼**画面1　Accessの画面の例**

注文ID	商品コード	商品名	単価	個数
1	B0001	カラーペン	¥250	20
2	A0001	付箋	¥300	10
3	A0002	クリップ	¥350	25
4	B0001	カラーペン	¥250	15
5	A0001	付箋	¥300	30
6	B0002	ボールペン（黒）	¥100	20
7	A0002	クリップ	¥350	10
*	(新規)			

これがAccessの画面かぁ

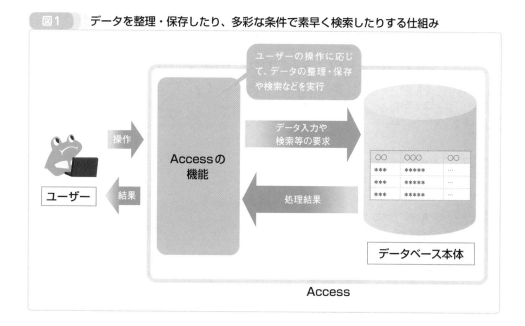

図1 データを整理・保存したり、多彩な条件で素早く検索したりする仕組み

ユーザーの操作に応じて、データの整理・保存や検索などを実行

操作

データ入力や検索等の要求

Accessの機能

ユーザー

結果

処理結果

データベース本体

Access

　データを整理・保存したり、多彩な条件で素早く検索したりするために必要な作業の大まかな流れは次のようになります（図2）。

❶データの"入れ物"であるテーブルを作成する

↓

❷テーブルに実際のデータを入力する

↓

❸検索の条件を指定した命令を作成し、検索を実行して結果を得る

たとえば前節で引き合いに出したアドレス帳の場合、次のようになります。

❶データの"入れ物"であるテーブルを作成する
「名前」や「住所」や「年齢」などのフィールドを設定する。

↓

❷テーブルに実際のデータを入力する
「名前」のフィールドに「立山秀利」という文字列を入力する。

↓

❸検索の条件を指定した命令を作成し、検索を実行して結果を得る

条件が「年齢が35歳以上」という検索の命令を作成する。その条件で検索を実行して、該当するデータを得る。

図2 作業の大まかな流れ

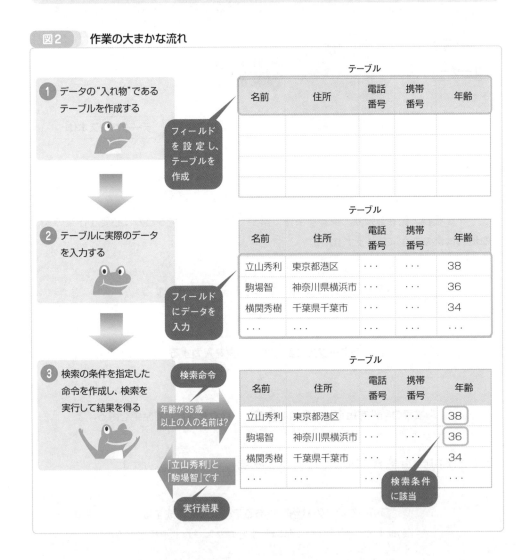

名前	住所	電話番号	携帯番号	年齢

1 データの"入れ物"である テーブルを作成する

フィールドを設定し、テーブルを作成

テーブル

名前	住所	電話番号	携帯番号	年齢
立山秀利	東京都港区	・・・	・・・	38
駒場智	神奈川県横浜市	・・・	・・・	36
横関秀樹	千葉県千葉市	・・・	・・・	34
・・・	・・・	・・・	・・・	・・・

2 テーブルに実際のデータ を入力する

フィールドにデータを入力

テーブル

名前	住所	電話番号	携帯番号	年齢
立山秀利	東京都港区	・・・	・・・	38
駒場智	神奈川県横浜市	・・・	・・・	36
横関秀樹	千葉県千葉市	・・・	・・・	34
・・・	・・・	・・・	・・・	・・・

3 検索の条件を指定した 命令を作成し、検索を 実行して結果を得る

検索命令

年齢が35歳 以上の人の名前は?

「立山秀利」と 「駒場智」です

実行結果

検索条件 に該当

以上はデータベース構築の基本の基本になります。Accessではさらに、データ入力などに用いるフォームを作成したり、データベース内のデータを用いて請求書などのレポートを作成したりするなど、多彩な機能を備えています（画面2、3、図3）。その上、それらの操作はGUIで簡単に行える点も大きな特長です。

▼**画面2　Accessのフォーム、レポートの例**

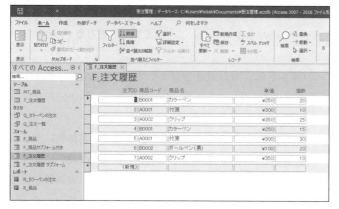

フォームもカンタンに
作れるのね

▼**画面3　レポート**

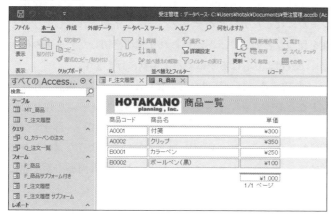

レポートはこんな感じ

図3　　フォームやレポートを作成

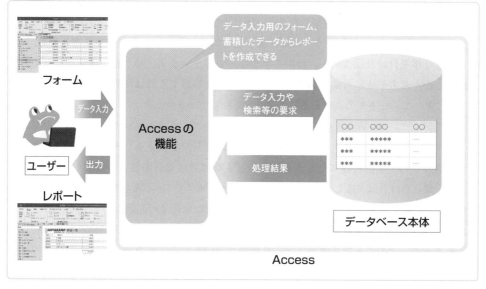

Access

リレーショナルデータベースことはじめ

みなさんは今の時点では、データの整理・保存や検索、フォームやレポートの作成などと言われても、イメージがつかめないかと思います。次章以降で実際にみなさんにAccessでデータベースを作成していただき体感していただきますので、このままで先へ進んでください。

さて、1-2節ではデータベースの基本形は表の形式と学びましたが、「なんだ、それならExcelで十分じゃないか」と思った方も少なくないでしょう。ExcelとAccessの決定的な違いは何でしょうか？

それは「Accessはリレーショナルデータベースが扱える」という点です。具体的にどういうことなのか、本書では5章で改めて解説しますが、これがExcelとの決定的な違いになります。もっとも、ExcelでもXLOOKUP関数やVLOOKUP関数など、Lookup系の関数を使えば同等のことができますが、Accessの方がはるかに簡単かつ合理的に実現できるのです。しかも、扱うデータ量が多くなればなるほど、Accessの方がより円滑に管理できます。

また、データベースへデータを格納する際、AccessならExcelに比べて、より多彩なルールを設けられます。すると、ルールに反したデータがデータベースに格納されてしまうことを防げるので、データの整合性を保つなどのメリットが得られます。格納したデータの検索についても、4章で解説しますが、Excelよりもはるかに多彩で柔軟に行えます。

さらには、Excelではフォームを作成するには、簡単なものなら「フォーム」機能で作成できますが、入力手段やレイアウトなどをカスタマイズするなど、凝ったフォームを作りたい場合、VBA（Visual Basic for Application）というプログラミング言語を用い、自分でプログラミングをして作り込む必要があります。一方、Accessは基本的にそのようなプログラミングの手間をかけずとも、比較的簡単にできてしまいます。レポート作成も同様です。他にもデータベースを扱うのに便利な機能を多数備えています。

Accessはなぜ難しいと言われるのか？

ここまでAccessのメリットを説明してきたため、何やらいいことずくめに思えますが、イザ自分で使いこなそうという段階になると、実はうまくいかないことが多々あります。

Accessの機能が豊富だということは、裏を返せば、初心者には機能が多すぎるとも言え、何からどう手を付ければよいか、わからなくなってしまいます。しかも、同じことをするのに何通りかやり方や表示形式があるゆえに、ある程度慣れてくれば便利なのですが、やはり初心者にとってハードルの高さを感じさせやすくなっています。

そして何より、いくらAccessの使い方をマスターしていても、データベースおよびリレーショナルデータベースの基本的な知識がなければ、実践で"使える"データベースを作ることができないのです。料理にたとえるなら、包丁など調理器具の使い方だけをおぼえても、レシピを知らなければ美味しい料理を作れないことと同じです。どんな料理（＝データベース）を作るかは、調理器具（＝Access）の使い方とは、また別次元の問題なのです。

読者のみなさんは現時点では、データベースもリレーショナルデータベースも初心者なので、もちろん、そのような基礎知識は持ち合わせていません。したがって、今のままの状態

で通り一辺倒にAccessの操作方法だけを学んでも、本質的なスキルはほとんど身につかないでしょう。Accessの使い方以前に、大前提として、データベースおよびリレーショナルデータベースの基本をしっかりと学び、身につける必要があるのです。

以上が「Accessは難しい」と言われる主な要因です。本書では次章以降、これらAccessが初心者にとって難しいと言われている要因を無理なくクリアしていくかたちで学習を進めます。データベースおよびリレーショナルデータベースの基礎知識を段階的に身につけつつ、Accessでデータベースを構築するのに必要最小限な機能や方法に絞り、解説していきます。

また、Accessはユーザーの規模や用途などによって向き/不向きがあり、必ずしも万能というわけではありません。どちらかといえば、個人商店や社員数の少ない企業が使うデータベースには向いていますが、逆に大企業で多くのユーザーが利用したり、インターネットなどで不特定多数のユーザーが利用したりするデータベースにはあまり向いていないと言えます。この点もAccessを使う際に注意したいところです。

DBMSとRDBMSについて

「DBMS」（DataBase Management System）とはその名の通り、データベースを管理するためのソフトウェアです。そして、リレーショナルデータベースを管理するためのソフトウェアが「RDBMS」（Relational DataBase Management System）になります。Accessの場合、図1（P19）の部分が一般的に「RDBMS」と言われている機能に該当します。

他製品のRDBMSで有名どころと言えば、商用ならオラクル社の「Oracle」やマイクロソフト社の「SQL Server」など、オープン・ソース・ソフトウェアなら「MySQL」や「PostgreSQL」あたりが挙げられます。

これらの製品は基本的に図1の機能のみを提供します。フォームやレポート作成などの機能が欲しければ、JavaやPHPなどのプログラミング言語を使って作り込む必要があり、初心者にはとうてい無理です。一方、Accessはフォームやレポート作成などの機能を最初から標準で備えている点が大きなアドバンテージなのです。

リレーショナルデータベースことはじめ 1

1-4 サンプル紹介

 本書の構成について

　本書では、1-2節（P14）でもすでに述べたように、単一のテーブルのみで構成されたごく
シンプルなデータベースと、複数のテーブルによるリレーショナルデータベースの2段階に分
けてAccessの学習を進めていきます。前者は2章から4章まで、後者は5章以降になります。
両者それぞれで、学習にサンプルのデータベースを用います。本節では、これら2段階の学
習に用いるサンプル2種類を学習に先だって紹介します。

 4章までの学習に用いるサンプル

　2章から4章までの学習には、単一のテーブルのみで構成されたごくシンプルなデータベー
スとして、「蔵書」データベースをサンプルに用います。想定するシチュエーションは、みな
さんがお手持ちの本をデータベースで管理するというものになります。

　管理する本の項目は次の通りとします（表1、図1）。

▼**表1　管理する本の項目**

項目	意味
ID	管理用の通し番号
タイトル	本のタイトル
著者	著者名
出版社	出版社名
価格	価格（税抜）
発刊年月日	出版された年月日

図1　**蔵書データベースの項目**

ID	タイトル	著者	出版社	価格	発刊年月日
… …	…	…	…	…	
… …	…	…	…	…	
… …	…	…	…	…	

　各項目の名前から、どのようなデータなのか把握できるかと思います。次章で改めて詳し
く解説しますが、この項目はそのままテーブルのフィールドになります。

　ただし、冒頭の「ID」だけは一読しただけではピンと来ないかと思います。具体的にはど
のようなデータなのか、そもそも「管理用の通し番号」がなぜ必要なのか、詳細については3

章でジックリ解説します。また、各項目はどのような形式の列で用意すればよいのかなども、同様に3章で解説します。ですから、本節ではどんな項目をデータベース化するかだけ頭に入れておいてください。

実際にデータベースに入力して扱うデータは次の表2の通りとします。レコード数は6冊ぶんのデータになります。

▼**表2　蔵書データベースのデータの表**

ID	タイトル	著者	出版社	価格	発刊年月日
1	光速ジグ入門	立山秀利	釣漢舎	¥1,000	2022年5月25日
2	Linux虎の穴	駒場秀樹	衆和出版	¥2,800	2022年2月15日
3	用心棒師匠	横関智	剛胆社	¥680	2020年9月16日
4	超ビギナー　Linux	鈴木吉彦	衆和出版	¥1,600	2021年12月1日
5	ダイコヒメフィッシュ	立山秀利	釣漢舎	¥1,300	2019年7月7日
6	平成太平記	横関智	剛胆社	¥1,500	2020年10月30日

蔵書データベースは本来、Accessを使って管理するような規模のデータではないのですが、本書ではAccessの学習をより効果的に進めるため、フィールド数とレコード数を最小限に絞りました。これからAccessを使って、この「蔵書データベース」のテーブルを作成し、データを入力し、その後、さまざまなパターンで検索していただきます。フィールド数もレコード数もシンプルですが、Accessの基礎を学ぶには十分なサンプルとなっています。

5章以降の学習に用いるサンプル

5章から7章までの学習には、「受注管理」データベースをサンプルに用います。こちらは複数のテーブルが連動したリレーショナルデータベースとなります。

シチュエーションとしては、従来は下記のような受注データを単一の表としてExcel上で管理していたとします（表3）。

▼**表3　受注データ**

注文ID	商品コード	商品名	単価	個数
1	B0001	カラーペン	¥250	20
2	A0001	付箋	¥300	10
3	A0002	クリップ	¥350	25
4	B0001	カラーペン	¥250	15
5	A0001	付箋	¥300	30

リレーショナルデータベースことはじめ

　実はこのような形式の単一の表では、受注データの管理にとって、何かと不都合が生じます。そのような問題を解決するため、Accessを用いてリレーショナルデータベース化していきます。

　なぜ単一の表だと不都合が生じるのか、具体的にどうリレーショナルデータベースとしてテーブルを作成していくか、どのようなデータを入力するかなど、詳細は5章の冒頭で改めて解説します。

　また、フィールドの中で、「注文ID」と「商品コード」は一読しただけではピンと来ないかと思います。詳しくは5章で解説します。

第 **2** 章

データベースを
作ろう

・・・・・・・・・・・・・・・・・・・・・・・・・

　本章からはいよいよAccessを実際に操作しながら、データ
ベース構築を学んでいきます。まずは、これから学習に用いるデー
タベースを新規作成する方法を解説します。

データベースの新規作成

Accessの「データベース」とは

Accessを使う際、まず最初の一歩として、「データベースを作成する」という作業が必要になります。みなさんには1-1節で、データベースとは何か学んでいただきましたが、そこで登場した「データベース」という言葉は、一般的な意味でのデータベースとしての概念になります。

一方、Accessで作成する「データベース」とは、一般的なデータベースとしての要素に加え、より広い要素を含んでいます。具体的には、データを整理して保持しておくための"入れ物"であるテーブル（忘れてしまった方はP14の1-2節を復習しましょう）やデータ本体といった一般的なデータベースとしての要素に加え、データの検索などを行う命令である「**クエリ**」をはじめ、**フォーム**や**レポート**なども含みます（図1）。それらをすべて1つのファイルとして、ハードディスク上に保存することになります。ファイルの拡張子は.accdbになります。

つまり、Accessで作成するデータベースの正体は、それらの要素をひとまとめにしたファイルになります。Excelを使ったことがある方なら、ブックのようなものと理解していただければ構いません。Accessのデータベースが実際にどのような要素を含み、どう使っていけばよいかは、これから順番に解説していきます。

図1 Accessの「データベース」の概念図

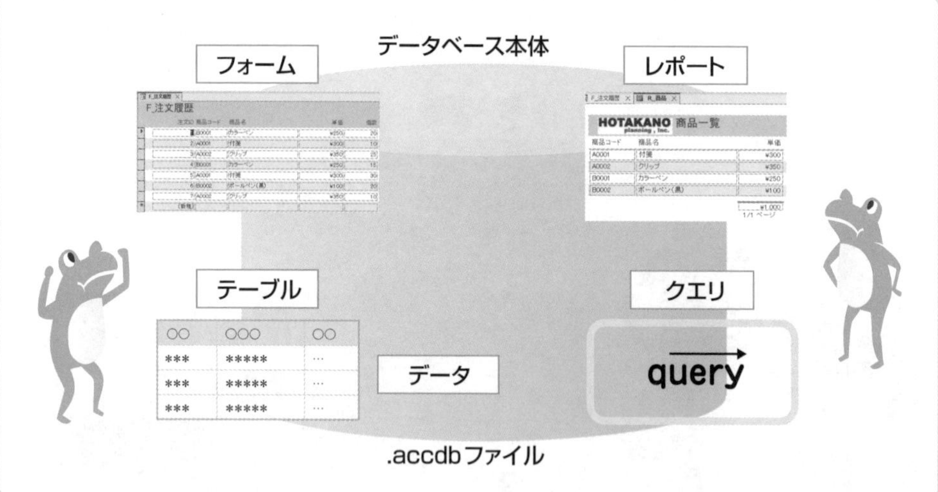

「何やらややこしい話だなぁ」と思われた方も少なくないかと思いますが、一般的な意味でのデータベースとAccessでのデータベースの厳密な違いは、まだ理解していなくとも何ら問題ありません。これから実際にAccessを操作し体感していけば理解できることです。今はなんとなくでよいので、イメージだけを把握していれば十分なので、そのまま先へ進んでください。ある程度学習を進めた後で、図1を改めて見れば、確実に理解できるでしょう。

● データベースを作成してみよう

　それでは実際にAccessでデータベースを作成してみましょう。なお、本書ではAccess 2021をベースに解説していきます。

　【1】［スタート］メニューの［Access］をクリックするなどして、Access 2021を起動してください。Accessの［ホーム］画面が開くので、❶［空のデータベース］をクリックしてください（画面1）。

▼**画面1　空のデータベースを作成**

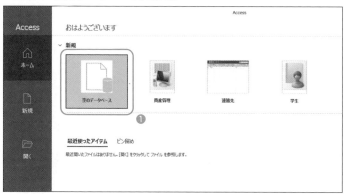

　【2】空のデータベースを作成する画面が表示されるので、❷「ファイル名」にデータベースのファイル名を入力します（画面2）。本書では、「蔵書」データベースを4章までの学習用のサンプルとして用いますので、ファイル名は「蔵書」と入力してください。❸で保存場所を適宜設定します。ここでは保存場所は「ドキュメント」フォルダ内とします。最後に❹［作成］をクリックしてください。

▼**画面2　名前と場所を指定して［作成］ボタンをクリック**

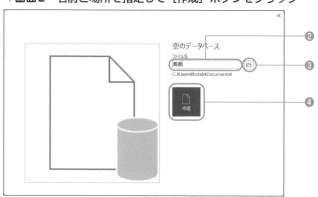

【3】画面3のような画面が表示されます。これでデータベースの新規作成は完了です。

▼**画面3　新規作成されたデータベース**

※なお、Access 2021で新規作成しても、
　タイトルバーのデータベース名右側には
　「Access 2007 - 2016 ファイル形式」と
　表示されます（2022年12月現在）。

これでデータベースを作成できた‼

　また、「Documents」フォルダ（「ドキュメント」フォルダ）を開くと、下記のアイコンの
ような「蔵書」というファイルが作成されていることが確認できるかと思います（画面4）。
なお、画面4は中アイコンのサイズで表示しています。また、ファイルの拡張子を表示してい
ません。フォルダーの設定で拡張子を表示すると、「.accdb」というAccessの拡張子がファイ
ル名のうしろに表示されます。

▼**画面4　新規作成された「蔵書」データベースのファイル**

これが「蔵書」のデータベース
の実体になるのね

2-2 Accessの「オブジェクト」について

「オブジェクト」って何？

Accessを使っていく際に登場する言葉が「**オブジェクト**」です。日本語に訳すと「もの」や「こと」となり、非常に実態がつかみにくい言葉です。初心者には何のことかよくわからず、づまずく原因となっています。では、Accessのオブジェクトとは具体的に何でしょうか？

ここで、P19（1-3節）の図1とP21（1-3節）の図3を思い出してください。それらの図をまとめたものが次の図1になります。

図1　Accessの要素や機能

このようにAccessでは、データの"入れ物"であるテーブル、データ本体、検索の命令、フォームやレポートなど、さまざまな機能を作成・使用し、データベースを構築するのでした。実はオブジェクトとは、それらテーブルや検索の命令、フォームやレポートなど、Accessが備えているデータベースの要素や機能のことになります（図2）。

データベースを作ろう

31

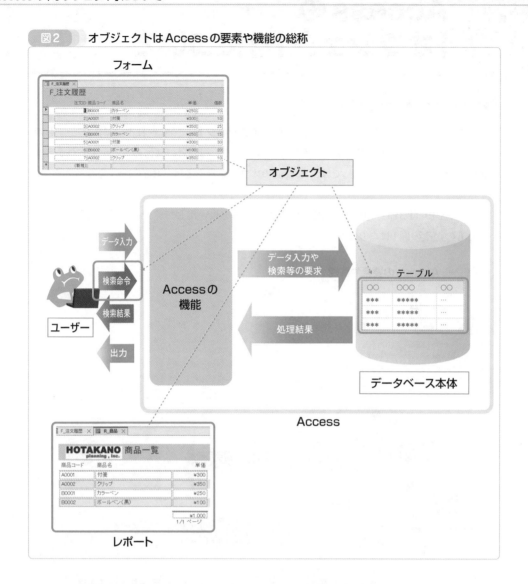

図2 オブジェクトはAccessの要素や機能の総称

フォーム

オブジェクト

Accessの
機能

データ入力

検索命令

検索結果

出力

ユーザー

データ入力や
検索等の要求

処理結果

テーブル

データベース本体

Access

レポート

　そして、それらテーブルや検索の命令などの要素や機能は、どのような名前や構造のテーブルにするのか、どのような条件の検索の命令にするのかなど、ユーザーが自分で作成することになります。各種類のオブジェクトは複数作成できます。それらの1つ1つがオブジェクトなのです。今の時点ではみなさんはまだピンとこないかと思いますが、詳しくは追々解説してきます。

　このように「オブジェクト」と一言でくくられていますが、実際にはテーブルや検索の命令など、タイプの違うさまざまな要素があります。ですから、オブジェクトという言葉の定義を厳密に追い求めても、ほとんど意味がありません。みなさんは以降、オブジェクトという言葉が登場しても、難しく考えず、意識しすぎることなく、「ああ、ナビゲーションウィンドウに一覧表示されるテーブルとかのことね」ぐらいの認識で構いません。

Accessの画面上でオブジェクトを見てみよう

それでは、Accessの画面上ではオブジェクトはどのように表示されるのか、ちょっとのぞいてみましょう。

画面の左半分に「**ナビゲーションウィンドウ**」というエリアがあります（画面1）。このエリアには、前節で空のデータベースを作成し終わった時点では、「すべてのAccessオブジェクト」と表示されているはずです（ナビゲーションウィンドウの幅によっては画面1のように、文言が途中までしか表示されません）。その下には「テーブル1」というアイコンが表示されます。

▼画面1　ナビゲーションウィンドウにオブジェクトが表示される

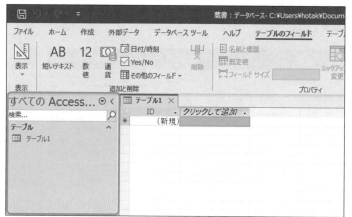

すべてのオブジェクトが
一覧表示されるよ

もし、ナビゲーションウィンドウが「すべてのAccessオブジェクト」になっていなければ、[▼] をクリックし、[オブジェクトの種類] をクリックすれば、「すべてのAccessオブジェクト」に切り替わります（画面2）。

▼画面2　[オブジェクトの種類] をクリック

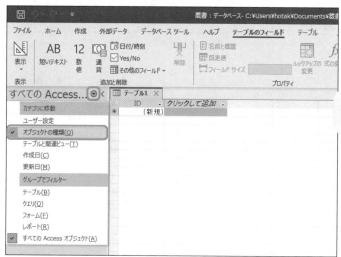

これで表示を [オブジェクト
の種類] に切り替えられるよ

Accessでは、作成したオブジェクトはすべてこのナビゲーションウィンドウに種類ごとに一覧表示されます。同じドロップダウンからオブジェクトの種類を選べば、その種類のオブジェクトのみを一覧表示することもできます。

Accessでデータベースを構築する際は、このナビゲーションウィンドウを起点に、さまざまなオブジェクトを作成したり使用したりすることになります。

以上がAccessの画面上でのオブジェクトの見え方になります。本書ではこれから、P24の1-4節で紹介したサンプルのデータベースを作成していく際に、さまざまなオブジェクトを作成していきます。そのなかで、ナビゲーションウィンドウに一覧表示されるオブジェクトがどんどん増えていくことになります（図3）。

図3　オブジェクトが増えていく

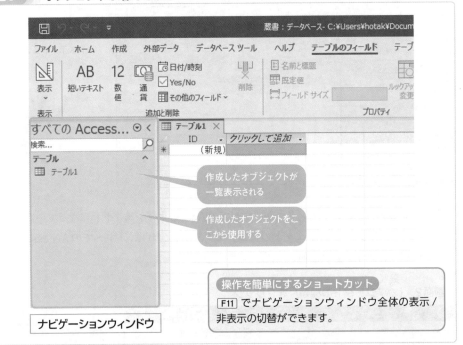

コラム

ショートカットキーで空のデータベースを作成

他の既存のデータベースを開いた状態で、ショートカットキー Ctrl + N を押すと、空のデータベースを新規作成できます。なお、2-1節（P27）の画面1の［ホーム］画面では、このショートカットキーは使えません。

第 **3** 章

テーブルの作成

本章では、データの "入れ物" である「テーブル」を作成する方法を学びます。作成するテーブルの善し悪しは、データベース全体の善し悪しに大きくかかわってくるので、しっかり学びましょう。また、作成したテーブルへデータを入力する方法も学びます。

3-1 テーブルを設計する

●「テーブルの設計」がなぜ必要なのか?

それでは、1-4節で紹介したサンプル「蔵書」データベースを実際にAccessで作成してみましょう。ここまでAccess上では、すでにデータベース「蔵書」を作成したところまで作業は終えました(2-1節参照)。次はいよいよ、テーブルの作成に取りかかります。本節では、テーブル作成の最初のステップとして、テーブルの設計を行います。

テーブルの設計を行う前に、そもそもテーブルの設計がなぜ必要なのか、データベース構築においてなぜ重要なのかを解説します。

テーブルとは、1-2節(P15)ですでに学習しましたが、データの"入れ物"のことでした。列方向(横方向)にデータの項目を並べ、行方向(縦方向)に1件1件のデータ本体を並べる表の形式でした。そして、列方向に並ぶ項目のことを「フィールド」、行方向に並ぶ1件1件のデータのことを「レコード」と呼ぶのでした。

Accessに限らずデータベースを構築する大きな流れは、まず最初に、データベースで管理したい内容に応じ、取り扱いたいデータから必要となる項目を挙げ、重複しないように分類します。このようにデータの種類ごとに正しく分類した項目こそがフィールドなのです。これで準備完了であり、あとは実際に各フィールドへデータを入力・蓄積していくことになります。

理屈だけだと何やら難しく思えるかもしれませんが、これは普段みなさんがやっていることです。たとえば、住所録を作るなら、「名前や住所とかの情報が必要かな…」などと考えるでしょう。この場合、「名前」や「住所」がデータベースの項目(=フィールド)になります。その後、友人・知人それぞれの名前や住所などを、各項目に入力・蓄積していきます。先ほど説明したデータベース構築の大まかな流れの実体は、この住所録の例とまったく同じなのです。

もし、最初に挙げたフィールドに漏れや抜けがあると、どうなるでしょうか? また、正しく分類できていないとどうなるでしょうか? あとからフィールドを追加・変更したり、データを入力しなおしたりと、いろいろ面倒なことになってしまうでしょう。しかも、適切に分類されてデータが格納されていないので、欲しいデータを検索したり加工したりしようとしても、重複などがないよう、重複などによってうまくいきません(図1)。

ですから、そのような事態を避けるために、最初に取り扱うデータから必要な項目を漏れなく挙げ、種類ごとに正しく分類してフィールドを決めることは重要なのです。あたりまえに思えるかもしれませんが、これがデータベース構築の基本になります。

そして、この「取り扱うデータから必要な項目をもれなく挙げ、種類ごとに正しく分類してフィールドを決めること」が、「テーブルを設計する」ということになります。

Accessでは、事前にテーブルをきちんと設計せず、何となく作り始めても、テーブルができてしまいます。他のRDBMSでは、そのようなことは基本的にできません。こういった手

軽さはAccessのよいところなのですが、その反面、先に挙げたようなテーブル設計をしっかり行わないことによる弊害が起きてしまいがちです。ですから、Accessを操作する前に、テーブル設計をしっかりと行うことが、Accessによるデータベース構築のコツになります。

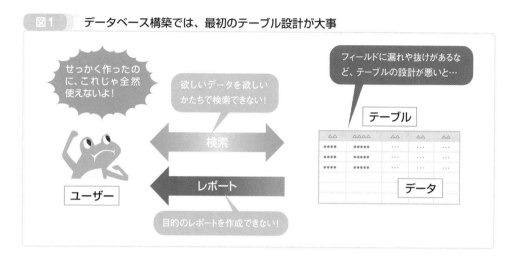

図1 データベース構築では、最初のテーブル設計が大事

せっかく作ったのに、これじゃ全然使えないよ！

欲しいデータを欲しいかたちで検索できない！

検索

レポート

目的のレポートを作成できない！

ユーザー

フィールドに漏れや抜けがあるなど、テーブルの設計が悪いと…

テーブル

データ

いろいろ解説しましたが、要するにテーブルの設計とは、具体的には、どのような種類のフィールドが必要であり、それぞれのフィールドでどのようなかたちでデータを扱うかを決めるということです。実際にAccessでテーブルを設計する具体的な作業としては、以下の3ステップが基本になります。

STEP1 テーブルの名前を決める
STEP2 必要なフィールドをすべて挙げ、名前をつける
STEP3 各フィールドのデータ型を決める

これから次節にかけて **STEP1** ～ **STEP3** について、「データの型」とは何かということも含め、段階的に説明していきます。

● テーブルの名前とフィールドの名前を決める

それでは、「蔵書」データベースを例に、実際にテーブル設計はどのようにすればよいのか、とりあえず順番に体験してみましょう。

STEP1 テーブルの名前を決める

まずはテーブルの名前を決めます。テーブルの名前は何でもよいのですが、どのようなデータを格納するテーブルなのか、ひと目でわかるような名前にしましょう。本書では蔵書データベースということで「本」とします。以降、Accessの中でこのテーブル名を用いて、データの入力などを行うことになります。

STEP2 必要なフィールドをすべて挙げ、名前をつける

テーブルの名前が決まったところで、テーブルの設計に移りましょう。

「蔵書」データベースのテーブル「本」にて、「蔵書を管理するのに、どのようなデータがあればよいか」という発想で、必要なフィールドを挙げていきます。パッと思いつくのは、本のタイトルや著者名、価格あたりでしょうか。蔵書を管理するにはさまざまな項目が考えられますが、本書では、先に1-4節で提示したような下記の項目を用いるとします（表1）。そして、この項目をそのままフィールドとします。

▼表1 「蔵書」データベース

項目	説明
ID	管理用の通し番号
タイトル	本のタイトル
著者	著者名
出版社	出版社名
価格	価格（税抜）
発刊年月日	出版された年月日

みなさんはこれらの項目を1-4節で一度目にしており、表の「項目」と「説明」を見れば、どのようなデータを管理するのか、把握できるかと思います。ただし、最初に挙げた「ID」は、管理用の通し番号なのですが、そもそもなぜ管理用の通し番号が必要なのか、理解できないかと思います。この件については、3-4節で改めて説明しますので、とりあえず先に進んでください。

必要なフィールドを挙げたら、次にフィールドの名前をそれぞれつけます。フィールドの名前は、どのような意味のデータを管理するフィールドなのかがひと目でわかり、なおかつ簡潔であることが理想です。本書では上記表1の「項目」の名称が意味がわかりやすく簡潔でもあるので、そのままフィールド名とします（表2）。

▼表2 テーブル「本」

フィールド名	説明
ID	管理用の通し番号
タイトル	本のタイトル
著者	著者名
出版社	出版社名
価格	価格（税抜）
発刊年月日	出版された年月日

以上でテーブル「本」に必要なフィールドをすべて挙げ、それぞれ名前を付ける **STEP2** の作業は一通り終わりました。みなさんが今後仕事などでデータベースを作成する際、必要なフィールドをもれなく挙げる作業をきちんと効率的にこなせるようになるには、ある程度慣れや経験を要することでしょう。初心者の間はいきなりAccessを開くのではなく、非効率

に思えますが、まずは必要とするフィールドを紙に書き出したり、テキストエディタやアウトラインプロセッサなどに入力したりして、ザックリでよいので、挙げたフィールドを目に見えるかたちにしながら考えるようにすることを強くお勧めします。そうすると、挙げ忘れていたフィールドや重複しているフィールドなどが見えてくるでしょう。

　また、Accessには各種オンラインテンプレートが用意されており、連絡先など典型的なテーブルの雛形を利用できます。それらを目的に応じてそのまま利用したり、必要に応じてフィールドを追加・削除・変更して利用したり、参考にしてテーブルを作成したりするのもよいでしょう。

ポイント

・挙げたフィールドを書き出して、漏れや重複などがないかチェック

　フィールド名を付ける作業ですが、今回のテーブル「本」では、最初に挙げた項目の名前をそのままフィールド名とすることができました。みなさんが今後仕事などで作成したデータベースでフィールド名をつける際は、いったんフィールドを挙げた後、各項目に対応するフィールド名はどのような意味のデータなのか、読めばすぐにわかるような名前を適宜つけてください。もちろん、挙げたフィールドがわかりやすく簡潔であれば、そのままフィールド名にしても構いません。一般的にフィールド名はあまり長くしない方が後々扱いやすくなります。Accessのルールとしてはフィールド名は64文字以内まで許されますが、できれば数文字程度、長くても10文字前後に抑えるとよいでしょう。

　フィールド名には日本語以外にも、アルファベットや数字、「_」（アンダースコア）などの記号も使えますので、適宜利用して名付けてください。ただし、「.」（ピリオド）や「!」（感嘆符）など、フィールド名に用いることができない記号があるので注意しましょう。もっとも、そのような使用不可の記号はすべて暗記する必要がなく、実際にAccess上でそのような記号を使おうとすると、エラーメッセージが表示されるのでご安心ください。なお、将来別のシステムと連携する可能性があるなら、フィールド名に日本語を使わない方が無難です。

　また、今回は必要とするフィールドを一度項目として挙げてからフィールド名をつけるという、ある意味回りくどい手順を踏みましたが、慣れてきたら必要なフィールドをいきなりフィールド名として挙げていくとよいでしょう。

ポイント

・フィールド名には簡潔でわかりやすい名前を付ける

STEP3　各フィールドのデータ型を決める

　次に各フィールドのデータ型を決めるという作業が必要になりますが、「データ型」とは何かということを含め、次節で改めて説明します。

3-2 フィールドのデータ型

データ型とは

テーブル「本」のフィールド名が決まったら、次は STEP3 として、各フィールドのデータ型を決めます。データベースに格納する「データ」と一口に言っても、数値や文字列など、さまざまな種類があります。ここでいう「**データ型**」とは、データの種類という意味になります。

Excelなどの表計算ソフトは標準では、ある1つの同じ列（＝フィールド）に数値でも文字列でも、種類を意識せずにデータを入力できます。これは言い換えれば、ルールがなくどんなデータでも入力できてしまい、そのフィールドには入力されるべきではないデータが入力されるキケンがあります。Accessではそれぞれのフィールドにデータ型をあらかじめ決めておき、異なる型のデータは入力できないようにできます。このように制限することで、不適切なデータが入力されることを防ぎ、トラブルを未然に防止します（図1）。

図1 フィールドのデータ型

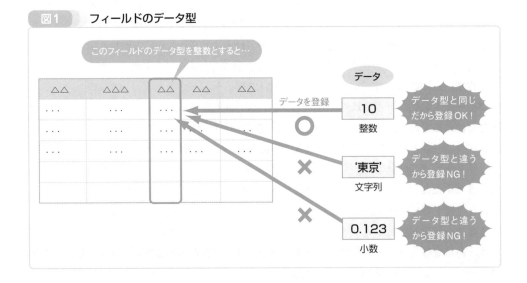

Accessのフィールドに指定できる主なデータ型は次の表の通りです（表1）。

▼表1　主なデータ型

データ型	概要
短いテキスト	文字列を格納。長さは255文字まで。
長いテキスト	文字列を格納。255文字以上でも格納可能。文字の色やスタイルなどの書式の情報も格納可能。
数値型	数値を格納。扱える数値の範囲はP68の表2を参照。
大きい数値	数値を格納。数値型では格納できない大きな数値を扱う。
通貨型	金額の数値を格納。整数部15桁小数点以下4桁までの精度を持つ。
日付/時刻型	日付と時刻を格納。日付のみ、時刻のみでの格納可能。
Yes/No型	YesかNoかいずれかの値を格納。
ハイパーリンク型	URLを格納。
オートナンバー型	数値を格納。自動的に番号が振られる。

　データ型はいくつか種類がありますが、今すぐにすべてをおぼえる必要はありません。とりあえず本書での学習を進めていく上では「**短いテキスト**」、「**数値型**」、「**通貨型**」、「**日付/時刻型**」、「**オートナンバー型**」をおさえておけばOKです。

　「短いテキスト」は文字列のデータを扱うためのデータ型です。たとえば人や商品の名前、住所、電話番号、品番、カテゴリ名などのデータには、すべてこの短いテキスト型フィールドを用います。

　「数値型」は数値を扱うためのデータ型です。数量や分量といったフィールドに用いられるのが基本です。他にも、伝票のIDなどのフィールドにも用いられることがあります。今後みなさんが自分でテーブルを作成する際も、この数値型とテキスト型のフィールドを最も頻繁に使うことになるでしょう。まずはこの2つのデータ型をしっかりとおぼえてください。

　「通貨型」は文字通り通貨の値を扱うためのデータ型です。本質的には数値なのですが、通貨の書式が使えるなど、通貨の値を扱うのに便利になっています。金額を扱うフィールドは通常、データ型をこの通貨型にします。「日付/時刻型」はさまざまな日付や時刻の書式が用意されているなど、日付/時刻を扱うのに便利なデータ型となっています。日付や時刻を扱うフィールドは通常、データ型をこの日付/時刻型にします。

　「オートナンバー型」は少々わかりにくいかと思いますが、新しいレコードを追加した際に、連番など指定した形式にのっとり、自動的に番号が振られるというデータ型です（図2）。たとえば、レコードの通し番号などを扱うのに便利なデータ型です。本質的には数値なのですが、具体的にどのようなデータ型なのか、何がどう便利なのかは、この後でテーブル「本」に用いて体感していただきますので、ここでは次の図2の概念図だけをザッと頭に入れたら、次へ進んでください。

3

テーブルの作成

図2 「オートナンバー型」の概念図

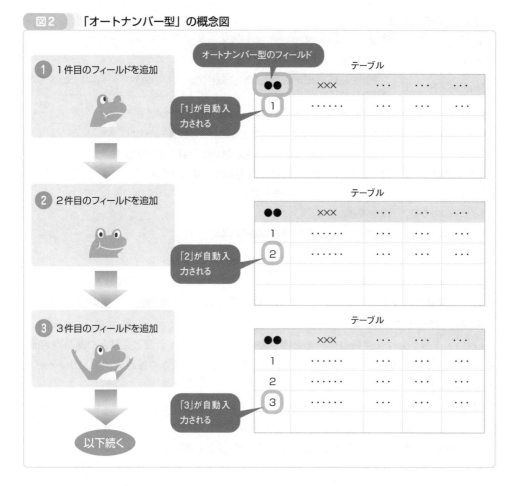

「**大きい数値**」は数値型で扱える範囲以上の数値 (-9,223,372,036,854,775,808 ～ 9,223,372,036, 854,775,808) を格納するフィールドに使います。ただし、扱う数値が金額の場合は、「通貨型」を用います。他に特色あるデータ型として、**Yes/No型**があります。今回のテーブル「本」では利用しませんが、おぼえておくと何かと便利なデータ型です。詳細はデータ入力の方法とあわせて、P77の3-6節にコラムで解説しておきます。

残りのデータ型は本書では扱いませんので、今後みなさんが仕事などでテーブルを作成していくなかで必要に応じておぼえていけばよいでしょう。

各フィールドのデータ型を決めよう

それでは蔵書データベースにおけるテーブル「本」の各フィールドのデータ型を決めましょう。フィールド「ID」は管理用の通し番号なので、データ型はレコードが追加されるごとに数値が自動で振られるオートナンバー型が最適でしょう。

フィールド「タイトル」と「著者」と「出版社」はすべてデータは文字列となるので、データ型は短いテキストにします。フィールド「価格」は数値型でもよいのですが、価格ということで、通貨を扱うのに便利な通貨型がよいでしょう。フィールド「発刊年月日」は短いテキスト型でも

3

よいのですが、年月日ということで、日付／時刻を扱うのに便利な日付／時刻型がよいでしょう。

以上をまとめると、データ型は次のようになります（表2）。この表を元に、次節で実際にテーブルを作成します。

▼**表2　テーブル「本」**

フィールド	意味	データ型
ID	管理用の通し番号	オートナンバー型
タイトル	本のタイトル	短いテキスト
著者	著者名	短いテキスト
出版社	出版社名	短いテキスト
価格	価格（税抜）	通貨型
発刊年月日	出版された年月日	日付／時刻型

データ型はコレで決まり！！

コ ラ ム

テ
ー
ブ
ル
の
作
成

「セキュリティの警告」メッセージについて

　Accessでは、作成・保存したデータベースファイルを閉じた後に再び開く際、リボン下の黄色のメッセージバーに「セキュリティの警告」と表示される場合があります。「問題を起こす可能性があるマクロなどが含まれているので無効にした」という旨の警告なのですが、実際には問題がなくともほぼ必ず表示されます。この警告を消すには、リボンのすぐ下に表示されるメッセージバーの［コンテンツの有効化］をクリックしてください。

　ただし、この方法で消しても、次回以降は再び警告が表示されてしまいます。警告そのものを無効化するには、まずは［ファイル］タブの［オプション］（画面サイズによっては［その他］→［オプション］）をクリックして「Accessのオプション」ダイアログボックスを開きます。続けて、［トラストセンター］カテゴリの［トラストセンターの設定］をクリックします。「トラストセンター」ダイアログボックスが表示されるので、［メッセージバー］カテゴリの［ブロックされた内容に関する情報を表示しない］をオンにして［OK］をクリックしてください（画面）。これで警告が表示されなくなります。

▼**画面　［ブロックされた内容に関する情報を表示しない]をオン**

　もしくは、［信頼できる場所］カテゴリで任意のフォルダーを指定すれば、そのフォルダーにあるデータベースファイルなら、警告が表示されなくなります。

3-3 テーブル「本」を作成しよう

テーブルを作成できる2種類のビュー

　それでは設計し終わったテーブル「本」をAccessで作成しましょう。さっそくAccessを操作して実際にテーブルを作成したいところですが、ここでみなさんにAccessを使いこなす上で大切な前提知識をおぼえていただきます。それは、Accessではテーブルを扱う画面の種類が「デザインビュー」と「データシートビュー」の2つあるということです（図1）。

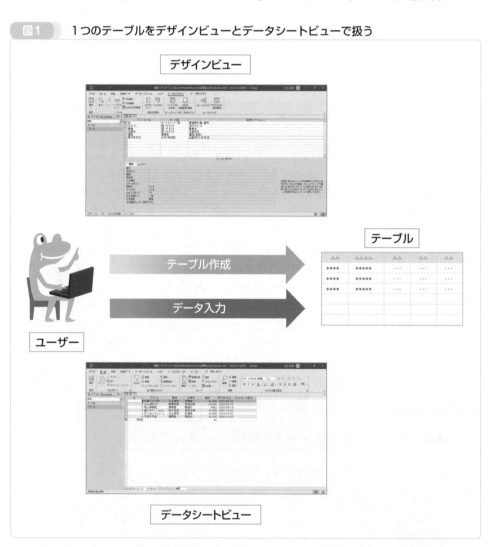

図1　1つのテーブルをデザインビューとデータシートビューで扱う

　1つのテーブルを異なるビューで扱うことができ、それぞれのビューには目的に応じた表示形式になっていたり、ツールが用意されていたりします。両者の具体的な違いは次の通りです。

●デザインビュー

テーブルを作成するためのビュー。フィールドを追加したり、フィールドの属性を設定したりするなど、テーブルを細かくデザインできます（画面1）。

▼**画面1　デザインビュー例**

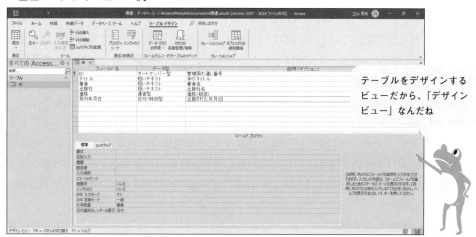

> テーブルをデザインするビューだから、「デザインビュー」なんだね

●データシートビュー

テーブルに格納されているデータを表形式で確認できるビュー。データの追加・変更・削除も可能です。さらには、フィールドの追加・変更など、基本的なテーブル作成作業も行えます（画面2）。

▼**画面2　データシートビュー例**

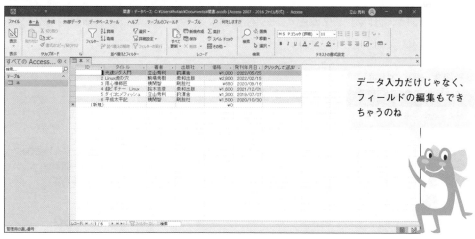

> データ入力だけじゃなく、フィールドの編集もできちゃうのね

もちろん、各ビューの細かい違いは、今すぐにおぼえる必要はありません。「同じテーブルを扱うのに2つのビューがある」とだけ認識できれば、それぞれのビューの違いや使い方は追々マスターしていけば大丈夫です。

　このようにAccessでは、デザインビューとデータシートビューの両方でテーブルの作成が行えます。データシートビューはExcelと同じ感覚で簡単・手軽にテーブルを作成できますが、データ型の設定など細かい作り込みができません。そのため、本書では、テーブル作成はデザインビューで行うことをお勧めします。本節では、このデザインビューを使って、テーブルを作成する方法を解説します。

　一方のデータシートビューは、この後の3-6節にて、作成したテーブル「本」にデータを入力する際に利用します。このように同じテーブル「本」を扱う際、テーブルの作成はデザインビュー、テーブルへのデータ入力はデータシートビューと、目的に応じてビューを適切に使い分けることがAccessのコツです（P44、図1）。

　Accessではテーブル以外でも、1つの対象（＝オブジェクト）を扱うのに、複数のビューが用意されているケースがいくつかあります。また、作成にウィザードが利用できるオブジェクトもあります。このように1つの目的を達成するのに複数の方法が用意されているのはAccessの魅力の1つなのですが、その反面、初心者の方は最初のうちはどの方法を選べばよいのか、混乱してしまうかもしれません。いわば、Accessの画面やメニューの中で迷子になってしまうのです。

　本書では、複数ある方法の中から、お勧めする方法を軸に解説を進めていきます。その他の方法に関しては、原則おぼえなくても大丈夫です。もし興味があれば、本書で基本をマスターした後に、他の書籍などを参考にやり方をおぼえてください。

● デザインビューでテーブル「本」を作成

　それでは、デザインビューでテーブル「本」を作成してみましょう。みなさんのお手元のAccessは現在、「蔵書」データベースを作成し、すべてのオブジェクトを表示した状態であり、画面はP33の画面1になっているかと思います。もしAccessを閉じてしまったら、「蔵書」データベースを開き、［作成］タブの［テーブル］をクリックすれば、P33の画面1の状態になります（画面3）。

▼画面3　現在の状態

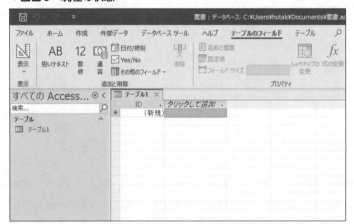

データベースを新規作成した直後の画面は、こうなっているハズ

この画面は実はデータシートビューになります。Accessでは、データベースを新規作成した後、新規テーブル（名前は「テーブル1」）のデータシートビューが自動で表示されます。まずはデータシートビューからデザインビューへ切り替えましょう。

現在リボン上は［データシート］タブが表示されているかと思います。ビューの切り替えは同タブの左端にある［表示］で行います。デザインビューに切り替えるには、［表示］にある三角定規と鉛筆のアイコンをクリックしてください。このアイコンはデザインビューのアイコンになります（画面4）。

▼**画面4　三角定規と鉛筆のアイコンをクリック**

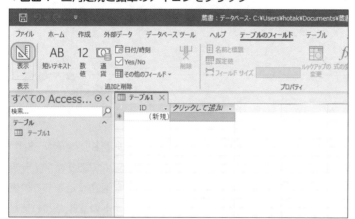

［▼］の部分じゃなくて、その上のアイコンをクリックしてね

すると、「名前を付けて保存」ダイアログボックスが表示され、テーブルの保存を促されます（画面5）。Accessでは、ビューを切り替える際にテーブルを一度保存する仕様になっています。ここではその意味をあまり深く考える必要はまったくないので、そのままテーブルを保存しましょう。テーブルの名前は「本」でした。「テーブル名」ボックスに「本」と入力し、［OK］をクリックしてください。

▼**画面5　名前を付けて保存**

テーブルを一度保存するよ

これでテーブル「本」が保存され、デザインビューに切り替わりました（画面6）。リボンのタブ名は「テーブルデザイン」になります。

テーブルの作成

▼**画面6 デザインビューに切り替わる**

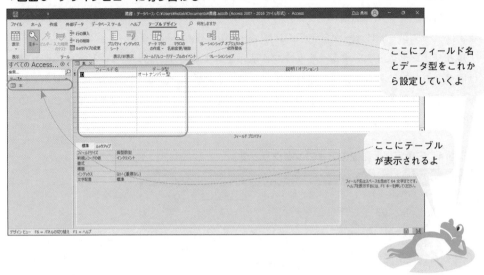

ここにフィールド名とデータ型をこれから設定していくよ

ここにテーブルが表示されるよ

　画面中央に「本」というテーブル名のタブがあり、その中に「フィールド名」と「データ型」と「説明」という列を持った表があります。この表はフィールドの一覧表であり、フィールド作成の作業場になります。この表にフィールドを追加し、データ型を適宜設定してこの表を埋めることで、テーブルを作成できます。ただし「説明」はフィールドの意味などの補足情報を記す列であり、テーブルとは直接関係ないので空白でも構いません。

　また、「すべてのAccessオブジェクト」の「テーブル」以下に、今保存したテーブル「本」が表示されているのが確認できるかと思います。このように作成したテーブルはこのエリアに一覧表示されます。

フィールドの追加とデータ型の設定をしよう

　では、フィールドを追加し、それぞれデータ型を設定していきましょう。どのような名前のフィールドをどのデータ型で用意するかは、すでに3-2節までに次の表1のように決めてありました。

▼**表1 テーブル「本」**

フィールド	意味	データ型
ID	管理用の通し番号	オートナンバー型
タイトル	本のタイトル	短いテキスト
著者	著者名	短いテキスト
出版社	出版社名	短いテキスト
価格	価格（税抜）	通貨型
発刊年月日	出版された年月日	日付/時刻型

これらのフィールドを今から追加していくよ

デザインビューにてこの表1にしたがって、フィールドの追加とデータ型の設定を行います。表の上から順番に進めていきましょう。最初はオートナンバー型のフィールド「ID」です。さっそく追加しましょう……と画面をよく見ると、すでに「フィールド名」の列に「ID」、「データ型」の列に「オートナンバー型」と入力されています（画面7）。

▼**画面7　フィールド名とデータ型の列に入力された状態**

オートナンバー型のフィールド「ID」が自動で作成された

実はAccessでデータベースを新規作成すると、オートナンバー型のフィールド「ID」がデフォルト（標準）で用意されるようになっています。なぜかというと、このようなフィールドを設けるのは、テーブルの"お約束"だからです。なぜ"お約束"なのかは、次節で「主キー」というデータベースの大切な要素を学ぶ際にあわせて説明しますので、ここではそのまま先へ進んでください。

次に、表1の2行目にあるフィールド「タイトル」を追加してみましょう。データ型は短いテキスト型です。「本」タブのフィールドの表の2行目にて、1列目の「フィールド名」のセルに「タイトル」と入力し、[Enter]キーを押してください。すると、「データ型」が自動的に「短いテキスト」と設定されます（画面8）。

▼**画面8　フィールド名を入力すると、自動的に「短いテキスト」と設定される**

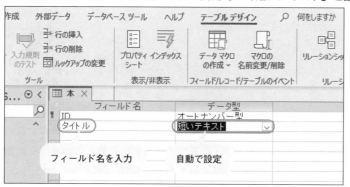

データ型が自動で設定された！

> **操作を簡単にするショートカット**
>
> [Tab]でフィールドの表のセルを左上から順に進めます。[Shift]＋[Tab]で順に戻れます。また、[↑][↓][←][→]でセルを上下左右に移動できます。

テーブルの作成

　このようにAccessでは、入力されたフィールド名から、適切と思われるデータ型が自動的に判断され設定されます。今回は目的のデータ型が無事自動判別されましたが、もし設定したいデータ型と異なれば、[∨] をクリックして目的のデータ型を選んでください（画面9）。

▼**画面9** [∨] をクリックして目的のデータ型を選ぶ

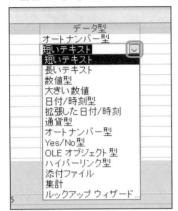

もし違ったら、設計した通りの
データ型に設定しなおしてね

操作を簡単にする**ショートカット**
データ型のセルを選択した状態で、[Alt] + [↓] でデータ型のドロップダウンを表示できます。[↑] や [↓] で選択肢を移動し、[Enter] で確定できます。

　そして、「説明」の列には、表1の「意味」の文言も入れておきましょう。必須ではないのですが、あとあと見直した際、どのような意図で用意したフィールドなのか、なぜそのデータ型にしたのかなどが思い出しやすくなり、何かトラブルがあった際の解決の助けなどになります。ですから、面倒かと思いますが、「説明」の列には何かしらの情報は残しておくことを強くお勧めします（画面10）。

▼**画面10** 「説明」の列には何かしらの情報を入力しておく

フィールド名	データ型	説明（オプション）
ID	オートナンバー型	
タイトル	短いテキスト	本のタイトル

あとできっと役に立つよ

　これで1つのフィールド「タイトル」が追加できました。フィールドの追加作業はだいたい把握できたでしょうか？　あとは同様の手順で表1の各フィールドを追加していってください。フィールド「価格」は自動判定されるデータ型が「短いテキスト」になってしまうので、[∨] をクリックして [通貨型] に設定しなおしてください。フィールド「発刊年月日」も同様に「短いテキスト」に自動判定されるので、[日付/時刻型] に設定しなおしましょう。「説明」の列にも面倒くさがらずに入力してください。フィールドをすべて追加し、データ型も設定して、「説明」も入力すると、画面11のようになります。

▼**画面11 「説明」をすべて入力**

Ⓐプロパティの更新オプション

すべてのフィールド
を追加できた！！

操作を簡単にするショートカット
Ctrl + S で上書き保存ができます。

なお、フィールド「ID」の「説明」を入力すると、すぐ下に小さなアイコンが表示されます（画面11のⒶ）。このアイコンは「プロパティの更新オプション」という機能によるものです。テーブルの各種設定を変更した際、そのテーブルを用いているフォームやレポートなどにも、その変更をすべて反映させる機能です。テーブルの「説明」などを変更しても、このアイコンが表示されます。このアイコンが表示されたら、クリックするとメニューが開くので、［フィールド名が使用されているすべての箇所で～を更新します。］をクリックすれば更新され、変更が反映されます。

以降もこのアイコンがもし表示されたら、随時更新してください。もっとも、現時点のようにテーブル「本」を他のフォームなどに使ってない場合、「更新が必要なオブジェクトはありませんでした。」とメッセージが表示されるだけです。

最後に［上書き保存］を実行して、作成したテーブル「本」をしっかりと保存しましょう。

テーブル「本」はひとまず完成したけど……

これでテーブル「本」の作成はひとまず完了です。"ひとまず"と言ったのは、この段階でテーブル「本」はとりあえずデータベースとして使える状態にあるのですが、より適切に蔵書のデータを管理できるよう、基本の3ステップの次に、さらに以下の2つの作業を行う必要があるからです。

STEP4 主キーを設定する
STEP5 各フィールドにフィールドプロパティを設定する

STEP4 の「主キー」については次節で詳しく解説します。 **STEP5** の「**フィールドプロパティ**」とは各フィールドに対して設定できる細かい条件やルールなどのことです（プロパティの更新オプションの対象となる設定でもあります）。このデザインビューの画面下半分にすでに表示されていたので、気になっていた方も多いでしょう。使い方は3-5節で解説します。

コラム

「クイックスタートフィールド」でフィールドを簡単追加

　「クイックスタートフィールド」機能を使うと、住所や電話番号など、よく使うフィールドをまとめて追加することができます。あらかじめ決められたフィールド名とデータ型によるフィールドのセットが追加されることになります。

　クイックスタートフィールド機能を利用してフィールドを追加するには、まずは目的のテーブルをデータシートビューで表示した状態で、追加したい場所のすぐ後ろのフィールドを選択しておきます。そして、[テーブルのフィールド]タブの[その他のフィールド]をクリックし、ドロップダウンの下の方にある[クイックスタート]の中から、目的のクイックスタートフィールドをクリックします（画面1）。

▼**画面1** 目的のクイックスタートフィールドをクリック

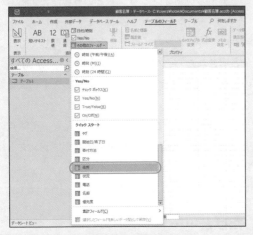

　すると、そのクイックスタートフィールドの各フィールドがまとめて追加されます。たとえば[住所]のクイックスタートフィールドを選んだなら、「住所」や「市区町村」など、計5つの短いテキスト型のフィールドがまとめて追加されます（画面2）。

▼**画面2** 計5つの短いテキスト型のフィールドがまとめて追加される

　他にも、たとえば[電話]のクイックスタートフィールドを選んだなら、「勤務先電話番号」や「FAX番号」など、計4つの短いテキスト型のフィールドがまとめて追加されます。このように、汎用的なフィールドを含むテーブルを素早く簡単に作成したい場合に便利な機能です。

主キーを設定する

主キーとは

前節までにテーブルの設計として、テーブル名とフィールド名およびデータ型を決めました。テーブル設計に最低限必要な要素はこれですべてであり、テーブルを作成することができます。

しかし、業務の現場では、これだけでテーブルの作成が完了することはまずありません。フィールドに対して、フィールド名およびデータ型に加え、属性を設定するケースがほとんどなのです。属性には何種類かあり、各フィールドに適宜設定します。まずは最も大切である「主キー」について学びましょう。

「主キー」とは、テーブル内にある複数のレコードの中から、1つのレコードを特定するために用いるフィールドのことです。たとえば、会社で社員の情報をデータベースで管理する際、姓名さえあれば社員のレコードを特定できそうですが、同姓同名の可能性があるため、必ずしも特定できるとは限りません。そこで、社員番号のように重複しない一意な値（ユニークな値）を持つフィールドがあれば、社員のレコードを特定できるようになります。そのようなフィールドが主キーになります（図1）。

図1 主キーの概念図

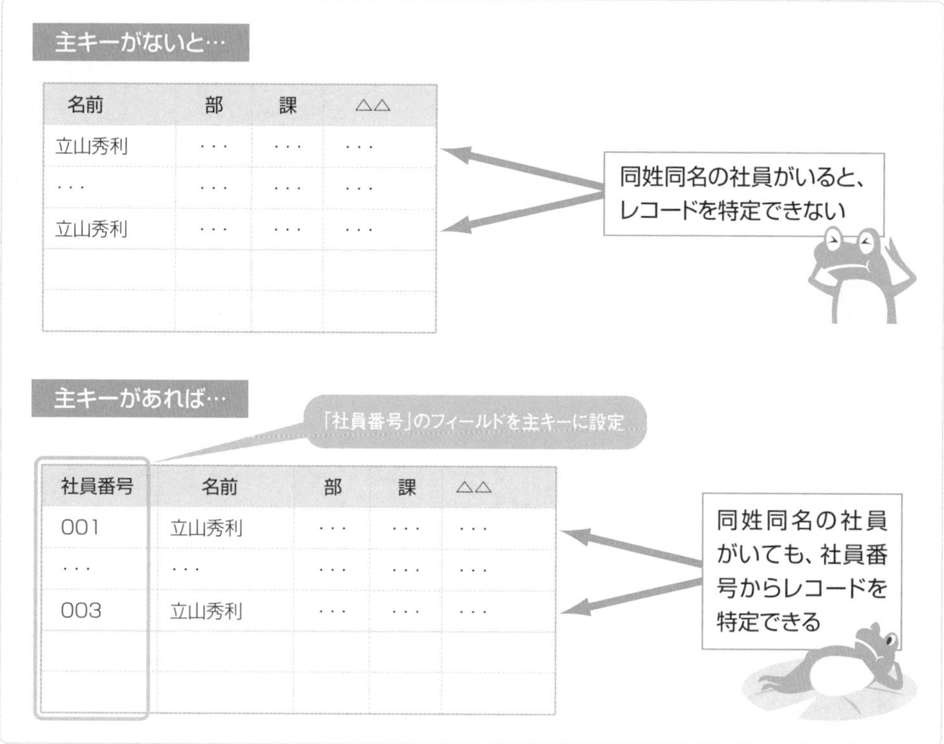

主キーがないと…

名前	部	課	△△
立山秀利	・・・	・・・	・・・
・・・	・・・	・・・	・・・
立山秀利	・・・	・・・	・・・

同姓同名の社員がいると、レコードを特定できない

主キーがあれば…

「社員番号」のフィールドを主キーに設定

社員番号	名前	部	課	△△
001	立山秀利	・・・	・・・	・・・
・・・	・・・	・・・	・・・	・・・
003	立山秀利	・・・	・・・	・・・

同姓同名の社員がいても、社員番号からレコードを特定できる

3

テーブルの作成

　主キー設定はその性質上、いくつかルールがあります。まずは重複する値を決してとらないことです。そもそも主キーとはレコードを特定するために一意な値を持つフィールドのことなので、重複しない値をとることは当然です。そして、1つのテーブル内にあるフィールドの中で、主キーに設定できるフィールドは原則1つだけになります。また、主キーに設定されたフィールドは空にしておくことは許されず、必ずデータを入力しておく必要があります。

> **ポ イ ン ト　　主キーのルール** 》》》
>
> ①重複する値を取らない
> ②1つのテーブルに1つのみ設定可能
> ③空の状態は許されない

　実はデータベースおよびAccessのルールとして、主キーはテーブルに必ず設定してもしなくてもよいことになっています。しかし、通常は設定するとおぼえてください。実際の業務の現場でも、ほぼすべてのケースにおいて、主キーは必ず設定されます。

　なぜ主キーを必ず設定するかというと、レコードを必ず特定できるフィールドがあるとデータとして扱いやすいからです。そして最も大切なのは、複数のテーブルが連携するリレーショナルデータベースを作成するのに必要となるからです。テーブル同士を連携させるのに主キーが欠かせないのです。詳しくは5章で改めて解説しますので、ここでは「テーブルには必ず主キーを設定する」とだけおぼえて先に進んでください。

> **ポ イ ン ト** 》》》
>
> テーブルには必ず主キーを設定しよう

主キーを決めよう

　主キーはユーザーがテーブルの中で「このフィールドを主キーとする」と決めた後、Access
に対して「このフィールドが主キーですよ」と明示的に指定する必要があります。ここではテー
ブル「本」を用いて、フィールドの決定と指定を体験してみましょう。

　まずは主キーとするフィールドの決定です。テーブル「本」のフィールドは3-3節の表1 (P48)
の通りです。これらのフィールドの中で主キーに適切なフィールドはどれでしょうか？ 「タイ
トル」や「著者」、「出版社」、「価格」、「発刊年月日」といったフィールドはいずれも、同じデー
タが入力される可能性があります（「タイトル」は一見、同じデータは入力されなさそうですが、
古典的名作などは同一の作品が複数の出版社から出されているので、同じデータが入力される
ケースがあります）。

　一方、フィールド「ID」だけは通し番号になるので、同じ値が入力される可能性はありません。
このフィールド「ID」を使えば、レコードを特定できそうです。したがって、フィールド「ID」
を主キーに決めます（図2）。

図2　**フィールド「ID」を主キーに決める**

フィールド「ID」を主キーに設定

ID	タイトル	著者	出版社	価格	発刊年月日
1	光速ジグ入門	立山秀利	釣漢舎	¥1,000	2022年5月25日
2	Linux 虎の穴	駒場秀樹	衆和出版	¥2,800	2022年2月15日
3	・・・	・・・	・・・	・・・	・・・
4	・・・	・・・	・・・	・・・	・・・
5	・・・	・・・	・・・	・・・	・・・
6	・・・	・・・	・・・	・・・	・・・

タイトルや著者などが同じでも、
「ID」からレコードを特定できる

　ここで思い出していただきたいのですが、1-4節（P24）で初めて「蔵書」データベースの
紹介をした際、フィールド「ID」をなぜ用意するのかという疑問がありました。「ID」は管理
用の通し番号ということですが、よく考えると、タイトルや著者など本のデータとはそもそ
も関係ないフィールドに思えます。

　実はフィールド「ID」は最初から主キーにするために用意したフィールドなのです。もし、
テーブル「本」にフィールド「ID」を設けない状態を考えると、「タイトル」や「著者」といっ
た他のフィールドには、重複するデータが入力される可能性があるため、これらのフィール
ドだけではレコードを特定できません。したがって、主キーにふさわしいフィールドはない

テーブルの作成

3

ということになってしまいます。そこで、主キーにするために、管理用の通し番号としてフィールド「ID」を別途用意したのです。

　データベース初心者にとっては、わざわざ管理用の通し番号を用意するなんて、何やら不思議な話で、手間がかかるだけと思えることでしょう。しかし、データベースの世界では、よく使われる手法なのです。あまり難しく考えず、「主キーにふさわしいフィールドがなければ、『ID』など主キー用のフィールドを追加する」とおぼえればOKです（図3）。

図3　主キー用にフィールドを用意

本と無関係なデータ

本にまつわるデータ

| ID | タイトル | 著者 | 出版社 | 価格 | 発刊年月日 |

主キー用にフィールド「ID」を用意

テーブル「本」

ID	タイトル	著者	出版社	価格	発刊年月日
1	光速ジグ入門	立山秀利	釣漢舎	¥1,000	2022年5月25日
2	Linux虎の穴	駒場秀樹	衆和出版	¥2,800	2022年2月15日
3	…	…	…	…	…
4	…	…	…	…	…
5	…	…	…	…	…
6	…	…	…	…	…

　今回のテーブル「本」はフィールド「ID」を主キーとしましたが、みなさんが自分でテーブルを作成する際、フィールド「ID」のような主キー用のフィールドをわざわざ用意しなくとも、主キーにふさわしいフィールドがすでにあるならば、そちらのフィールドを主キーに設定しましょう。

　たとえば、先ほど例に挙げたように、社員データベースを作成するなら社員番号のフィールドです。社員番号は社員一人一人に与えられた重複しない番号なので、社員（＝レコード）を一意に特定できます。ですから、この場合、社員番号のフィールドを主キーに設定するのが適切でしょう。わざわざ「ID」のような主キーのためのフィールドを用意する必要はありません。繰り返しになりますが、主キーにふさわしいフィールドがない場合のみ、「ID」のような主キー用のフィールドを別途用意してください。

以上の解説を踏まえ、主キーの決め方を整理すると、次のようになります。

> 「 **STEP3** 各フィールドのデータ型を決める」まで完了したら……

⬇

> 主キーにふさわしいフィールドがあれば、そのフィールドを主キーに決める

⬇

> 主キーにふさわしいフィールドがなければ、「ID」など主キー用の
> フィールドを追加して、そのフィールドを主キーに決める

● **Accessで主キーを設定しよう**

Accessでフィールドを主キーに設定するには、デザインビューにて、目的のフィールドを選択した状態で、［テーブルデザイン］タブの［主キー］をクリックします。すると、そのフィールドが主キーに設定され、キーのアイコンが表示されます。そして、先述の主キーのルール①～③が適用されます（画面1）。

▼**画面1　主キー設定の例**

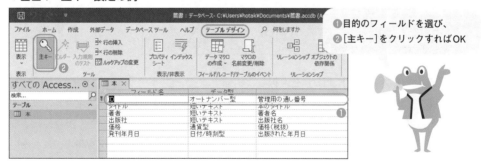

❶目的のフィールドを選び、
❷［主キー］をクリックすればOK

それではみなさんに、テーブル「本」のフィールド「ID」を主キーに設定する作業を行っていただきます……と言いたいところですが、テーブル「本」をよく見てみると、フィールド「ID」のアタマの部分にすでにカギのアイコンが付いており、主キーに設定された状態になっています。前節にてAccessではフィールド「ID」が自動で用意されると解説しましたが、実はそのフィールド「ID」は自動的に主キーに設定されているのです。ですから、何もせずとも、主キーの設定は完了ということになります（画面2）。

▼**画面2　主キーに設定されたフィールド「ID」**

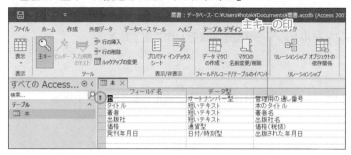

最初から主キーに設定されるんだよね

　ここで少々イレギュラーな操作になってしまいますが、みなさんに主キー設定作業を体感していただくために、フィールド「ID」の主キー設定を一度外し、再設定するという作業を行ってみましょう。では、フィールド「ID」を選択した状態で、［テーブルデザイン］タブの［主キー］をクリックしてください。すると、主キーの設定が外れ、カギのアイコンが消えます（画面3）。

▼**画面3　主キーをいったん解除**

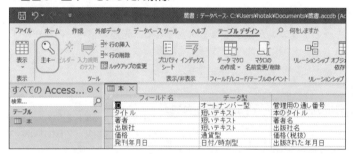

カギのアイコンが消えた

　次に、そのままフィールド「ID」を選択した状態で、［テーブルデザイン］タブの［主キー］をもう一度クリックしてください。すると、フィールド「ID」が再び主キーに設定され、カギのアイコンが再表示されます。これが主キーの設定作業になります。もし、みなさんが今後仕事などでテーブルを作成し、自動で用意されたフィールド「ID」以外のフィールドを主キーにしたい場合、このような手順で主キーに設定してください。その際、自動で用意されたフィールド「ID」は削除してください。

　このようにAccessでは、自動で「ID」というフィールドが用意され、自動で主キーに設定されます。わざわざ自分で主キーを用意する必要がないため、データベース初心者に優しい反面、主キーを設定する大切さを実感しにくいと言えます。みなさんは主キーの重要性をしっかりと認識した上で、主キーのフィールド「ID」が自動作成されるAccessの機能を利用してください。

　なお、本書で4章までの学習に用いる「蔵書」データベースは、シンプルな単一のテーブル「本」のみしか使わず、この後の3-6節でサンプルとして入力するデータの内容も、主キーがなくとも行を特定可能なものになっています。実はそのため、残念ながら、主キーの本当のありがたみはほとんど実感できません。ですから、本節で主キーの基本をマスターし、その重要性を認識できたら、複数テーブルで構成されるリレーショナルデータベースの学習に入る5章までは、それほど主キーの存在を意識しなくとも構いません。

3-5 フィールドプロパティを設定する

「フィールドプロパティ」とは

　主キーが設定できたら、次は STEP5 として、各フィールドに「**フィールドプロパティ**」を設定します。フィールドプロパティとは、フィールドに対して設定できるさまざまな細かい条件などのことです。1つのフィールドに対して、複数種類のフィールドプロパティを同時に設定できます。フィールドプロパティは必ず設定しなければならないものではありませんが、さまざまなメリットが得られるため、設定することをお勧めします。

　フィールドプロパティはAccessの画面では、デザインビューのフィールド一覧の下にあるエリアにて、設定や確認ができます。その部分を見ると、1列目に「フィールドサイズ」や「書式」など、さまざまな項目があります。それらがフィールドプロパティの具体的な設定項目になります。2列目は、それらの項目の設定値になります（画面1）。

▼**画面1　フィールドプロパティの例**

表示/非表示	フィールド/レコード/テーブルのイベント　リレーションシップ

フィールド名	データ型	説明（オプション）
ID	オートナンバー型	管理用の通し番号
タイトル	短いテキスト	本のタイトル
著者	短いテキスト	著者名
出版社	短いテキスト	出版社名
価格	通貨型	価格（税抜）
発刊年月日	日付/時刻型	出版された年月日

ここの部分がフィールドプロパティだよ

フィールドプロパティ

標準　ルックアップ	
フィールドサイズ	長整数型
新規レコードの値	インクリメント
書式	
標題	
インデックス	はい（重複なし）
文字配置	標準

設定項目　　　　**設定値**

フィールド名はスペースも含めて 64 文字までです。
ヘルプを表示するには、F1 キーを押してください。

F1 = ヘルプ

　フィールドプロパティの具体例は、この後に代表的な項目を解説しますが、たとえば、短いテキスト型フィールドの文字数の上限を制限するといった条件や、フィールドに何かしらのデータを必ず入れるなどの条件になります。また、フィールドによってIME（日本語入力）のオン/オフを自動で切り替えたり、あらかじめ決められたデータをデフォルト値として自動入力したりするといった設定も行えます。例に挙げたこれらのフィールドプロパティはほんの一部であり、他にもさまざまな設定項目が用意されています。

　フィールドプロパティで条件をフィールドに設けると、どんなメリットがあるのでしょうか？　まず挙げられるのが、トラブルの未然防止です。たとえば、設定した上限以上の文字数が入力されることを防げることです。フィールドプロパティはデータ型と同様に、フィールドに制限を設けることで、トラブルの元となる不適切なデータが入力されることを防げるのです。また、IMEのオン/オフの自動切り替えなどを設定することで、入力作業が効率化

テーブルの作成

3

されるなどのメリットも得られます。他にもフィールドプロパティの種類ごとにさまざまなメリットをもたらします（図1）。

図1 フィールドプロパティのメリット

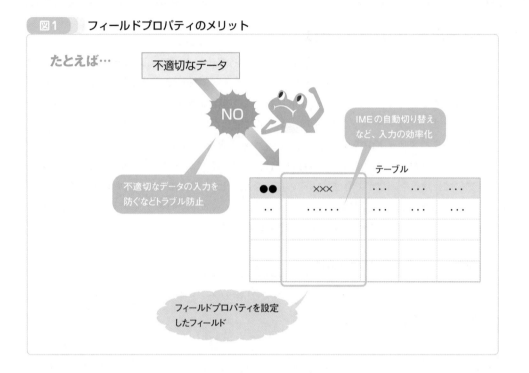

　フィールドプロパティの設定項目の種類は、フィールドのデータ型によって内容が異なります。データ型ごとに設定できる条件などが違うということです。デザインビューにてフィールドを選択すると、そのフィールドに対応したフィールドプロパティが画面下に表示されます。たとえば、通貨型フィールドと日付/時刻型フィールドでは、次の画面のように異なります（画面2）。

▼**画面2　通貨型フィールド（左）と日付/時刻型フィールド（右）のフィールドプロパティ**

標準　ルックアップ	
書式	通貨
小数点以下表示桁数	自動
定型入力	
標題	
既定値	0
入力規則	
エラーメッセージ	
値要求	いいえ
インデックス	いいえ
文字配置	標準

標準　ルックアップ	
書式	
定型入力	
標題	
既定値	
入力規則	
エラーメッセージ	
値要求	いいえ
インデックス	いいえ
IME 入力モード	オフ
IME 変換モード	一般
文字配置	標準
日付選択カレンダーの表示	日付

　このようにフィールドプロパティはデータ型ごとに複数種類が用意されており、すべて合わせると相当な数にのぼります。しかし、それらすべてを暗記する必要はまったくありません。フィールドプロパティの使い方の基本をマスターし、主なフィールドプロパティをいくつかおさえてお

けば、あとはその応用で対応したり、ヘルプを見ながら順次おぼえたりしていけばOKです。

　本節では、代表的なフィールドプロパティとして、テーブル「本」の短いテキスト型フィールド「タイトル」にて、短いテキスト型フィールドのフィールドプロパティを解説します。その中で実際にいくつかのフィールドプロパティの設定を体験していただき、使い方の基本をマスターしていただきます。同時に、主なフィールドプロパティを解説していきます。

テーブル「本」でフィールドプロパティを体験しよう

　それではフィールド「タイトル」にて、短いテキスト型フィールドのフィールドプロパティを設定してみましょう。デザインビューのフィールド一覧にて、フィールド「タイトル」をクリックして選択してください。クリックするのは、フィールド名を入力した部分や、その右のグレーの四角形の部分など、同じ行ならどこでもでも構いません。

　すると画面下部に、短いテキスト型フィールドのフィールドプロパティが表示されます（画面3）。そして、各フィールドプロパティをクリックすると、画面右側にそのフィールドプロパティの概要が表示されます。

▼**画面3　短いテキスト型フィールドのフィールドプロパティ**

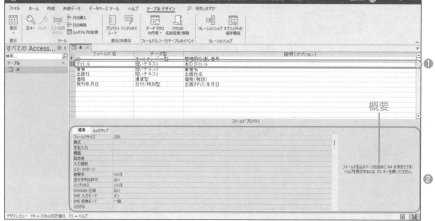

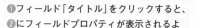

❶フィールド「タイトル」をクリックすると、
❷にフィールドプロパティが表示されるよ

　短いテキスト型フィールドにはさまざまなフィールドプロパティが用意されていますが、この中で今回は「**フィールドサイズ**」と「**値要求**」と「**インデックス**」の3項目を設定することにします。

　まずはフィールドサイズから見ていきましょう。フィールドサイズとは、フィールドに入力できる文字数の最大値を設け、その最大文字数を超えて入力できないよう制限するフィールドプロパティです（図2）。漢字やひらがな、カタカタといった全角の文字も半角英数字も、ともに1文字としてカウントされます。デフォルトでは255文字に設定されています。

フィールドサイズによって文字数に上限を設けることで、必要とする記憶領域を最小限に抑え、データベース全体の容量を抑えられます。また、入力されるべき文字列よりも大幅に文字数が多い文字列が入力される事態を防ぐなどの効果も得られます。

図2 フィールドサイズの概念図

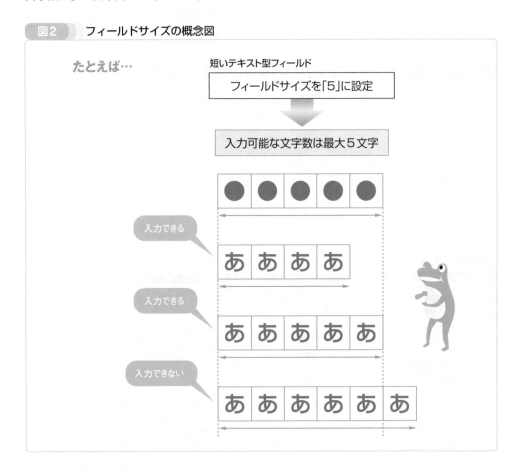

今回はフィールド「タイトル」の最大文字数を50文字に設定します。フィールドプロパティ欄の「フィールドサイズ」の右隣にある「255」と表示された欄をクリックしてください。するとカーソルが点滅し、数値を編集できる状態になります。BackSpace キーなどで「255」を消し、「50」と入力してください（画面4）。

▼画面4　フィールドサイズを設定

「255」から「50」に変更

標準	ルックアップ
フィールドサイズ	50
書式	
定型入力	
標題	
既定値	
入力規則	

これでフィールドサイズを50に設定できました。フィールド「タイトル」には、50文字以上の文字列は入力できなくなります。

続けてフィールドプロパティ「**値要求**」を設定してみましょう。値要求とは、そのフィールドへのデータ入力を必須とするかしないかを設定するフィールドプロパティです。入力を必須とすることで、データの入力漏れを防げます。デフォルトでは「いいえ」に設定されており、入力は必須とされていません。

ここではフィールド「タイトル」についてはデータ入力を必須とし、空欄のままは許さないよう設定するとします。フィールドプロパティ欄の「値要求」の右隣にある「いいえ」と表示された欄をクリックして選択してください。すると、右端に［∨］が表示されます。クリックするとドロップダウンが現れ、［はい］か［いいえ］を選べるようになるので、［はい］を選んでください（画面5）。

3

▼**画面5 値要求を設定**

標準	ルックアップ
フィールドサイズ	50
書式	
定型入力	
標題	
既定値	
入力規則	
エラーメッセージ	
値要求	いいえ
空文字列の許可	はい
インデックス	いいえ
Unicode 圧縮	はい
IME 入力モード	オン
IME 変換モード	一般
ふりがな	

> **操作を簡単にするショートカット**
> ［↓］または［Tab］でフィールドプロパティを下に移動、［↑］または［Shift］+［Tab］で上に移動できます。

［はい］に設定しよう

> **操作を簡単にするショートカット**
> 「値要求」を選択した状態で、［Alt］+［↓］で選択肢のドロップダウンを表示できます。［↑］や［↓］で選択肢を移動し、［Enter］で確定できます。

これで値要求を「はい」に設定できました。フィールド「タイトル」は入力が必須となります。また、先ほどのフィールドサイズでは値を直接入力しましたが、値要求ではドロップダウンから選んだように、フィールドプロパティは項目によって設定方法が異なることもおぼえておいてください。

検索や並び替えを高速化する「インデックス」

次は「**インデックス**」を設定します。インデックスとは、検索や並び替えなどを高速化するための仕組みです。インデックスの正体はその名の通り、データの目次のようなものです。指定したフィールドに対して目次を事前に別途作成しておき、検索の際はすべてのデータを最初から見に行くのではなく、その目次を見て目的のデータを探すという仕組みです（図3）。並び替えについても同様に、その目次を用いて並び替えを行います。今回のサンプルである「蔵書」データベースはレコード数が少ないため、インデックスの効果をほとんど体感できませんが、基本的にはレコードの件数が多い程効果が大きくなり、検索や並び替えを大幅にスピードアップできます。

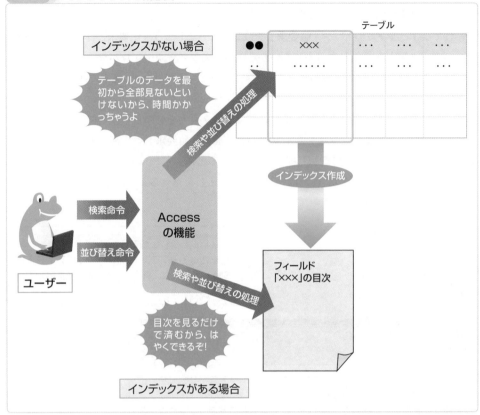

図3 インデックスの概念図

インデックスはデフォルトでは使わない設定となっています。それでは、フィールド「タイトル」にインデックスを使うよう設定してみましょう。

フィールドプロパティの一覧から「インデックス」をクリックして選択すると、右端に［∨］が表示されます。クリックしてドロップダウンを開くと、［いいえ］と［はい（重複あり）］と［はい（重複なし）］の3つが選べるようになっています。［はい（重複なし）］を選ぶと、そのフィールドに重複する値が入力されることを防げます。今回のフィールド「タイトル」は重複する値が入力される可能性があるので、ここでは［はい（重複あり）］を選んでください（画面6）。

▼画面6 インデックスを設定

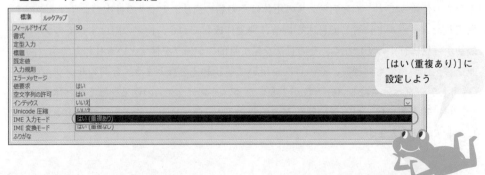

[はい（重複あり）]に
設定しよう

これでインデックスを設定できました。フィールド「タイトル」での検索や並び替えを高速に行えるようになります。

では、設定したインデックスを確認してみましょう。Accessには複数のインデックスをまとめて確認・設定変更するための機能が用意されているので、それを利用することにします。［テーブルデザイン］タブの［インデックス］をクリックしてください。すると、次のようなインデックスのダイアログが表示されます（画面7）。

▼画面7　インデックスを確認

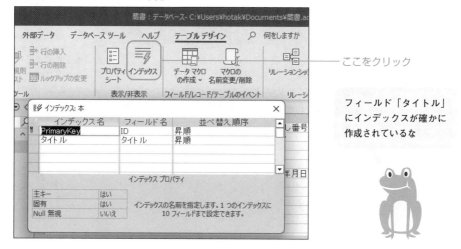

このダイアログにインデックスが一覧表示されます。2行目に先ほど設定したフィールド「タイトル」のインデックスが表示されているのが確認できるかと思います。

ここで1行目に目を移すと、フィールド「ID」のインデックスが「PrimaryKey」という名前で設定されています。フィールド「ID」は前節で主キーに設定したフィールドでした。Accessでは主キーにはインデックスが自動的に設定されるようになっています。したがって、主キーに設定したフィールド「ID」のインデックスが自動的に設定されたのです。インデックス名は「PrimaryKey」となっていますが、これは「主キー」という言葉を英語で表現したものです。インデックス名は通常、フィールド名と同じか、「PrimaryKey」のように対象のフィールドがすぐにわかる名前にします。

ここで注意していただきたいのが、インデックスは検索や並び替えの高速化というメリットが得られる反面、デメリットも生じてしまうということです。たとえば、データを入力したり更新したりした際、インデックスも更新されるので、その更新処理のぶんパフォーマンスが低下するといったデメリットです。ですから、すべてのフィールドにインデックスを設定するのではなく、検索や並び替えのポイントとなるフィールドのみにインデックスを設定するなど、全体のバランスを見ながら使いましょう。

では、インデックスダイアログの右上の［×］をクリックして閉じてください。

　これで短いテキスト型フィールド「タイトル」のフィールドプロパティは終了です。今回、フィールドプロパティはフィールドサイズと値要求とインデックスしか取り上げませんでした。ここで誤解していただきたくないのですが、これら3つのフィールドプロパティのみ設定すればよいというわけではありません。今回は解説をシンプルにするために、3つのフィールドプロパティに絞っただけなのです。短いテキスト型フィールドには他にも便利なフィールドプロパティがいくつか用意されています。主なものを次の表1で紹介しますので、今後みなさんが自分でテーブルを作成する際に、必要に応じて設定しましょう。

▼表1　短いテキスト型フィールドのその他の主なフィールドプロパティ

フィールドプロパティ	概要
書式	表示される書式
定型入力	入力する際の書式（例：郵便番号なら「123-4567」）
既定値	新規レコードに自動入力される値
入力規則	入力可能な値を制限
エラーメッセージ	入力規則に反する値が入力された際に表示するメッセージ
IME入力モード	IMEの入力モード
IME変換モード	IMEの変換モード
ふりがな	入力された文字列からふりがなを自動作成
住所入力支援	入力された郵便番号から住所を自動判別。その逆も可

他にもさまざまなフィールドプロパティがあるよ

　「タイトル」以外のフィールドのフィールドプロパティですが、同じく短いテキスト型フィールドである「著者」と「出版社」のフィールドプロパティについては、フィールドサイズだけを「30」にするのみとします。先ほど学んだ手順にしたがって、両フィールドのフィールドサイズを設定してください。これでフィールド「著者」と「出版社」は30文字までしか文字列を入力できなくなります（画面8）。

▼画面8　「著者」と「出版社」はそれぞれ最大30文字に設定

　残りのフィールド「価格」と「発刊年月日」については、今回はフィールドプロパティは

何も設定せず、デフォルトのままで使うとします。

　これでテーブル「本」は完成です。ここで、いったんテーブルを保存しましょう。クイックアクセスツールバーの［上書き保存］をクリックするなどして、上書き保存してください。

数値型フィールドのフィールドプロパティ

　本節では、もうひとつ代表的なフィールドプロパティとして、数値型フィールドのフィールドプロパティを解説します。数値型フィールドはテーブル「本」には登場せず、5章以降で学習に用いるサンプルに登場しますので、みなさんが数値型フィールドのフィールドプロパティを実際に使用するのは5章以降になりますが、ここで基本だけ学んでおきましょう。みなさんのお手元のAccessは操作していただかず、誌面のサンプル画面のみで解説します。

　数値型フィールドのフィールドプロパティは次の画面9の通りです。

▼**画面9　数値型フィールドのフィールドプロパティ**

標準	ルックアップ	
フィールドサイズ	長整数型	
書式		
小数点以下表示桁数	自動	
定型入力		
標題		
既定値	0	
入力規則		
エラーメッセージ		
値要求	いいえ	
インデックス	いいえ	
文字配置	標準	

（吹き出し）短いテキスト型とは違った項目があるね

　この中で確実におぼえていただきたいのが「**フィールドサイズ**」です。フィールドサイズのドロップダウンを開くと、次の画面のような選択肢が表示されます（画面10）。

▼**画面10　数値型フィールドのフィールドサイズ**

標準	ルックアップ	
フィールドサイズ	長整数型	
書式	バイト型	
小数点以下表示桁数	整数型	
定型入力	長整数型	
標題	単精度浮動小数点型	
既定値	倍精度浮動小数点型	
入力規則	レプリケーション ID型	
エラーメッセージ	十進型	
値要求	いいえ	
インデックス	いいえ	
文字配置	標準	

（吹き出し）短いテキスト型のフィールドサイズとは違うのね

　フィールドサイズは短いテキスト型フィールドでも登場しましたが、数値型フィールドの場合はより注意が必要になります。それはフィールドサイズによって、そのフィールドが扱える数値の幅が違ってくるからです。具体的には次の表2のように、選ぶフィールドサイズに

応じて値の上限と下限、および小数が使えるかどうかが違ってきます。

▼表2 主なフィールドサイズと扱える数値

フィールドサイズ	格納できる値の範囲
バイト型	0〜255
整数型	−32768〜32767
長整数型	−2147483648〜2147483647
単精度浮動小数点型	$3.4 \times 10 - 38 \sim 3.4 \times 1038$
倍精度浮動小数点型	$1.7 \times 10 - 308 \sim 1.7 \times 10308$
十進型	$-9.999... \times 1027 \sim 9.999... \times 1027$ 最大桁数と小数点以下の桁数を指定できる。

　たとえば、数万の数値を扱うフィールドなのに、フィールドサイズを整数型にしてしまうと、上限が32676までなので、扱えなくなってしまいます。また、小数を扱いたいのに、整数型や長整数型などにしてしまうと、整数しか扱えなくなってしまいます（図4）。

図4　フィールドサイズによっては扱えない数値が出てくる

　このように数値型フィールドのフィールドサイズは、扱いたい数値によって適切に設定する必要があります。通常は整数のみを扱うフィールドなら長整数型を、小数を扱うフィールドなら倍精度浮動小数点型を使用します。デフォルトでは長整数型に設定されています（3-2節の繰り返しになりますが、金額を扱うフィールドなら、わざわざデータ型を数値型にして、

フィールドサイズを設定せずとも、最初からデータ型を通貨型にしましょう)。

　フィールドサイズ以外のフィールドプロパティは値要求やインデックスなど、基本的には短いテキスト型のそれと同じ機能になります。

　本節では短いテキスト型と数値型のフィールドプロパティを解説しましたが、その他のデータ型のフィールドプロパティについては、本書では割愛させていただきます。もしみなさんが利用したい場合は、デザインビューにてフィールドプロパティの項目をクリックして選択すれば画面右側に概要が表示されるので、それらを参考にしてください。

テーブル設計・作成の手順のまとめ

　テーブル「本」はこれで完成です。ここでテーブル設計・作成の手順をおさらいしておきましょう。下記の5つのステップになります。

STEP1 テーブルの名前を決める
STEP2 必要なフィールドをすべて挙げ、名前をつける
STEP3 各フィールドのデータ型を決める
STEP4 主キーを設定する
STEP5 各フィールドにフィールドプロパティを設定する

　今後みなさんが自分でテーブルを設計・作成する際は、この5ステップに沿って行ってください。

　なお、今回はAccess上でテーブルを作成しながら主キーとフィールドプロパティを決めていきましたが、もちろん、**STEP3** を終えた後Accessでの作成作業に入る前に決めても構いません。また、今回はテーブルが「本」の1つだけで済みましたが、データベースによってはテーブルが複数必要になるケースもあります。どのようなケースで複数必要になるのか、複数作成し使うにはどうすればよいのかなど、詳しくは5章以降で解説します。

コラム

数値型フィールドで入力値に条件を設ける

　数値型フィールドのフィールドプロパティの「入力規則」を利用すると、入力可能な値に条件を設けることができます。そして、設定した条件に反する値を入力しようとすると、エラーメッセージを表示して、入力不可とすることができます。用途としてはたとえば、商品などの個数を入力するフィールドなら、0やマイナスの数値はありえないので、必ず1以上の数値を入力するよう制限を掛けるなど、誤ったデータの入力を未然に防ぐのに便利な機能です。

ここで、入力規則の例をひとつ提示します。みなさんのお手元のAccessは操作していただかず、誌面のサンプル画面のみで解説します。

テーブルにフィールド「個数」が数値型として用意してあるとします。そのフィールド「個数」に、1以上の数値しか入力できないよう、入力規則を設定するとします。1以上の数値という条件は、「比較演算子」という演算子のひとつである「>=」を使い、「>=1」という式で表します（比較演算子については4-5節で改めて解説します）。この式を、フィールド「個数」のフィールドプロパティの「入力規則」に入力します（画面1）。

これで設定完了です。テーブルを上書き保存した後、データシートビューに切り替えます。その際、新たに設定した入力規則でデータをチェックするかを問うダイアログボックスが表示されるので、念のため［はい］をクリックしておくとよいでしょう。

データシートビューに切り替わったら、試しにフィールド「個数」に0など、あえて入力規則に反するデータを入力し、[Enter]キーを押すなどして確定しようとすると、画面2のようにアラート画面が表示され、入力規則に反するデータが入力された旨のメッセージが表示されます。データシートビュー上では、入力したデータは確定されず、条件に合致したデータを再入力しなければならなくなります。

▼**画面1 「入力規則」に入力**

標準	ルックアップ	
フィールドサイズ		長整数型
書式		
小数点以下表示桁数		自動
定型入力		
標題		
既定値		0
入力規則		>=1
エラーメッセージ		
値要求		いいえ
インデックス		いいえ
文字配置		標準

▼**画面2 アラート画面が表示される**

▼**画面3 目的のメッセージを入力**

標準	ルックアップ	
フィールドサイズ		長整数型
書式		
小数点以下表示桁数		自動
定型入力		
標題		
既定値		0
入力規則		>=1
エラーメッセージ		1以上の数値を入力してください。
値要求		いいえ
インデックス		いいえ
文字配置		標準

▼**画面4 入力したメッセージがアラート画面に表示される**

また、アラート画面のメッセージはカスタマイズすることも可能です。フィールドプロパティの「エラーメッセージ」に、目的のメッセージを入力しておけば、入力規則に反するデータが入力された際、そのメッセージがアラート画面に表示されます（画面3、4）。

3-6 作成したテーブル「本」に データを入力しよう

●「データシートビュー」でデータを入力

　本節では、前節までの作業で作成したテーブル「本」に蔵書のデータを入力します。そもそもテーブルとはデータの"入れ物"でした。これから蔵書データの"入れ物"であるテーブル「本」に、蔵書データを入力していきます。実際に入力するデータは次の表1の通りとします。レコードは全部で6件とします。

▼表1　入力する蔵書データ

ID	タイトル	著者	出版社	価格	発刊年月日
1	光速ジグ入門	立山秀利	釣漢舎	¥1,000	2022年5月25日
2	Linux虎の穴	駒場秀樹	衆和出版	¥2,800	2022年2月15日
3	用心棒師匠	横関智	剛胆社	¥680	2020年9月16日
4	超ビギナー　Linux	鈴木吉彦	衆和出版	¥1,600	2021年12月1日
5	ダイコヒメフィッシュ	立山秀利	釣漢舎	¥1,300	2019年7月7日
6	平成太平記	横関智	剛胆社	¥1,500	2020年10月30日

　それでは、Accessを操作してテーブル「本」へ蔵書データを入力していきましょう。Accessでデータを入力する方法はいくつかあるのですが、ここでは基本となるデータシートビュー上で入力する方法を用います。
　まずは画面の表示をデザインビューからデータシートビューに切り替えましょう（画面1）。[テーブルデザイン] タブの [表示] のアイコンをクリックしてください（もしくは [表示] の下にある [▼] をクリックし、[データシートビュー] をクリックしても構いません）。

▼画面1　[表示] をクリック

デザインビューからデータシートビューに切り替えてデータを入力するのね

　すると、データシートビューに表示が切り替わります（図1）。表の形式になっており、一番上のタブにはテーブル名である「本」と表示されます。そして、表の列見出しには「ID」や「タイトル」をはじめ、作成したフィールドが表示されます。その下の表の部分にデータを入力していきます。1行で1件のレコードになります。

3

テーブルの作成

図1 データシートビューの解説

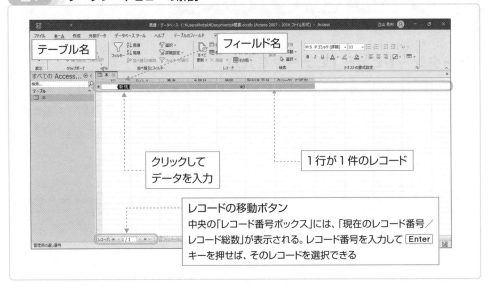

　まずは1件目の蔵書データを入力してみましょう。1列目の「ID」はオートナンバー型なので、データが自動的に連番で入力されるため、手動では入力できないようになっています。したがって2列目のフィールド「タイトル」から入力します。フィールド「タイトル」の列の1行目のセルをクリックして、カーソルを点滅させて入力できる状態にしたら、「光速ジグ入門」と入力してください（画面2）。

▼**画面2** フィールド「タイトル」を入力

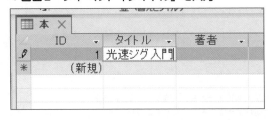

「タイトル」を入力したら、「ID」に「1」と自動で入力された!!

　その際、「タイトル」の列に文字列を入力すると、同時にオートナンバー型である「ID」の列に数値の「1」が自動入力されます。

　これで1件目のレコードのフィールド「タイトル」のデータは入力できました。続けて次のフィールド「著者」にデータを入力しましょう。「著者」の列の1行目をクリックしてカーソルが点滅した状態にして、「立山秀利」とデータを入力してください。入力後に **Enter** キーを押したり、**→** キーまたは **Tab** キーを押しても、右隣の列へカーソルが移動します。同様に出版社も「釣漢舎」と入力してください（画面3）。

▼**画面3** 「著者」と「出版社」を入力

┌─────────────────────────────┐
│ 操作を簡単にするショートカット │
└─────────────────────────────┘
Tab でフィールドの表のセルを左上から順に進めます。SHIFT ＋ Tab で順に戻れます。また、↑↓←→ でセルを上下左右に移動できます。F2 で編集モードに切り替えられます。

　次はフィールド「価格」を入力します。このフィールドのデータ型は通貨型でした。テンキーなどもうまく利用して数字の「1000」を入力してください。入力後、Enter キーを押すなどして右隣のセルに移動すると、「価格」の列の1行目のセルに入力した数値が通貨の形式で表示されます（画面4）。

▼**画面4** 「価格」を入力

　このような冒頭に「¥」が付けられる書式は、通貨型のデフォルトの書式になります。なお、通貨型にはその他の書式も用意されており、フィールドプロパティの「書式」から選べます。
　最後はフィールド「発刊年月日」を入力します。年月日を入力する方法は、セルに年月日を直接打ち込む方法と、カレンダーを利用する方法があります。今回は前者の方法を利用します。年月日をそれぞれ「/」（スラッシュ）で区切った書式で「2022/5/25」と入力してください。そして Enter キーを押すと、「2022/05/25」と「5」の前に「0」がついた書式に自動変換されて表示されます（画面5）。

▼**画面5** 「発行年月日」を入力

⊞	本 ×						
	ID ▾	タイトル ▾	著者 ▾	出版社 ▾	価格 ▾	発刊年月日 ▾	クリックして追加 ▾
	1	光速ジグ入門	立山秀利	釣漢舎	¥1,000	2022/05/25	
*	(新規)				¥0		

　このような「/」（スラッシュ）で区切られ、一桁の月日の場合には冒頭に「0」が付けられる書式は、日付/時刻型のデフォルトの書式になります。なお、日付/時刻型にはその他の書式も用意されており、フィールドプロパティの「書式」から選べます。また、カレンダーを利用して入力するには、セルの右側に表示されるカレンダーのアイコン（画面4参照）をクリックしてください。すると、カレンダーが表示されるので、目的の年月日をクリックすれば入力されます。

「発刊年月日」の列にデータを入力し終えた時点で、1件目のレコードが入力が完了になります。「2022/5/25」と入力し Enter キーを押した際、次に2件目のレコードに入力するよう、カーソルが2行目の「ID」の列に自動で移動します。

1件のデータ入力を体験していただきましたが、いかがでしたか？　フィールド「ID」が自動入力されたり、書式が自動変換されたりしましたが、基本的には表計算ソフトと同じ感覚でデータを入力できるので、Access初心者でもそれほどハードルの高さを感じずに入力できたかと思います。

では、この手順にしたがって、2件目のレコードも入力します。先ほどと同様に入力してもよいのですが、ここで前節で設定したフィールドプロパティが実際にどのように働くのか、確認しながら入力してみましょう。

まずはフィールド「タイトル」に設定した値要求のフィールドプロパティを試してみましょう。2行目の「タイトル」の列をワザと空欄にしたまま、「著者」の列以降を蔵書データの表にしたがって入力していき、最後の発刊年月日を入力し終えたら Enter キーを押してください。すると、画面6のようにフィールド「タイトル」にデータを入力するよう促すメッセージが表示されます。

▼**画面6　値要求を試す**

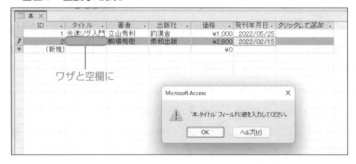

ワザと空欄に

空のまま次のレコードに移ろうとしたらメッセージが表示された

［OK］をクリックすればこのメッセージは閉じますので、「タイトル」の列に戻りデータを入力してください。もし入力しないまま3行目に移動しようとすると、再びこのメッセージが表示されます。このように値要求によって、指定したフォールドへデータが入力されなかったらメッセージを表示することで、入力し忘れなどのトラブルを防ぎます。

次に、同じくフィールド「タイトル」に設定したフィールドサイズのフィールドプロパティを試してみましょう。前節でフィールド「タイトル」のフィールドサイズは50と設定しました。では、どんな文字でもよいので、まず「タイトル」の列の2行目のセルに50字入力してみてください。そして、文字数をわかりやすくするため、51文字目は別の文字を入力してください。すると、50字を超えるので、Enter キーを押してもその文字は入力されません（画面7）。

▼画面7　フィールドサイズを試す

51文字目は入力できない

このようにフィールドサイズによって、50字までしか文字列を入力できないのが確認できたかと思います。先ほどの値要求と違い、何もメッセージが表示されないので少々わかりづらいかもしれませんが、設定した条件がきちんと守られています。フィールド「著者」と「出版社」にも前節でフィールドサイズを30と設定してあるので、31文字目からは入力できなくなっています。

フィールドプロパティの働きは実感できたでしょうか？　では、2行目の「タイトル」の列に本来のデータである「Linux虎の穴」と入力し、3行目に移動してください。続けて、3件目から6件目のレコードも同様にデータを入力してください。その際、「ID」列に連番が自動で入力されたり、「価格」や「発刊年月日」の書式が自動変換されるのを確認してください。

全6件のデータを入力し終わると、次のような状態になります（画面8）。

▼画面8　6件のレコードを入力

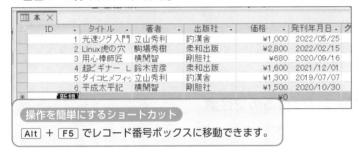

これですべてのレコードが入力できたよ

> **操作を簡単にするショートカット**
> [Alt] + [F5] でレコード番号ボックスに移動できます。

よく見ると「タイトル」の列で一部のデータの端が切れています。文字列がすべて見えるようセル幅を広げてやりましょう。列の見出しの「タイトル」と「著者」の境界にマウスポインタを置くと画面9のような形に変化するので、そのまま広げたい幅のぶんだけ右方向へドラッグしてください。

▼画面9　列幅を広げる

ドラッグするだけで幅を調整できるよ

テーブルの作成

Home で現在のレコードの最初のフィールドに移動できます。End で現在のレコードの最後のフィールドに移動できます。
Ctrl + Home で先頭のレコードの最初のフィールドに移動できます。
Ctrl + End で末尾のレコードの最後のフィールドに移動できます。

　これで「タイトル」列の幅が広がり、今度はすべてのデータが見えるようになりました。データシートビューではこのようにセルの幅や高さを調整することができます（画面10）。

▼**画面10　広げた列幅**

これで文字が隠れることなく、タイトルがすべて見えるようになった

列見出しの境界をダブルクリックで、入力されているデータの文字数に自動であわせた列幅に設定できます。

　以上で「蔵書」データベースのテーブル「本」へすべてのデータが入力されました。列幅の調整も行い、見やすくなりました。次章ではこのデータを用いて、検索を行う方法を学んでいきます。

● レコードの保存は自動で行われるので注意

　次章に進む前に、ここでAccessの保存機能について解説しておきます。

　本節ではみなさんに合計6件のレコードのデータ入力を行っていただきましたが、Accessで注意していただきたいのは、「データは入力された時点で保存される」ということです。ワープロや表計算といった一般的なアプリケーションでは、文字やデータを入力した後、［上書き保存］などを実行しなければハードディスク上に保存されません。しかし、Accessでは［上書き保存］などを実行しなくとも、フィールドにデータを入力すれば、その時点でハードディスク上に保存されてしまうのです。ですから、たとえば、間違えたデータを入力した直後にAccessを終了させても、そのデータは保存されたままになっていますので、誤ったデータをそのまま使ってしまわないよう気をつけましょう。

　一方、Accessには［上書き保存］などの保存機能が用意されています。これはデータの保存ではなく、ユーザーが作成したテーブルの名前、フィールドの名前やデータ型といった構造、主キーやフィールドプロパティといった各種設定、この後登場する「クエリ」などを保存するための機能です。レコードを保存するための機能ではないので、勘違いしないよう注意してください（図2）。

図2 Accessの保存機能

テーブル「本」

ID	タイトル	著者	出版社	価格	発刊年月日
1	光速ジグ入門	立山秀利	釣漢舎	¥1,000	2022年5月25日
2	Linux虎の穴	駒場秀樹	衆和出版	¥2,800	2022年2月15日
3	・・・	・・・	・・・	・・・	・・・
4	・・・	・・・	・・・	・・・	・・・
5	・・・	・・・	・・・	・・・	・・・
6	・・・	・・・	・・・	・・・	・・・

同じテーブル「本」でも、要素によって保存され方が違う

［上書き保存］実行で保存されるもの

テーブル「本」の構造や設定

ID	タイトル	著者	出版社	価格	発刊年月日

その他クエリなども

データ入力と同時に保存されるもの

テーブル「本」に入力したデータ

1	光速ジグ入門	立山秀利	釣漢舎	¥1,000	2022年5月25日
2	Linux虎の穴	駒場秀樹	衆和出版	¥2,800	2022年2月15日
3	・・・	・・・	・・・	・・・	・・・
4	・・・	・・・	・・・	・・・	・・・
5	・・・	・・・	・・・	・・・	・・・
6	・・・	・・・	・・・	・・・	・・・

コラム

Yes/No型のフィールドについて

Accessではフィールドに「Yes/No型」というデータ型が使えます。Yes/No型とは、［Yes］か［No］のいずれかしか値をとらないデータ型です。データシートビュー上でのYes/No型のフィールドは、画面のようにチェックボックスになっています。チェックを入れれば［Yes］、入れなければ［No］となります。

▼画面　Yes/NO型フィールドはチェックボックスで入力

名簿			
ID ▾	氏名 ▾	年賀状送付 ▾	備考
1	松尾康二	☑	
2	成松和久	☑	
（新規）		☐	

［Yes］か［No］の値しか入力しないフィールドは、わざわざ短いテキスト型などにすると冗長になってしまいますので、このYes/No型にするとよいでしょう。本書には登場しませんが、よく利用されるデータ型なので、おぼえておいてください。

コラム

ふりがなの自動入力と住所の入力支援

Accessのテーブルでは、名前などのふりがなを自動で入力したり、郵便番号から住所の一部を自動入力したりするなどの入力支援機能が用意されています。これらの有効化や設定はフィールドプロパティで行います。

●ふりがなの自動入力

たとえば、テーブル「顧客」で、取引先の情報を管理しているとします。フィールド「社名」および、そのフィールド用のふりがなとしてフィールド「社名ふりがな」をそれぞれ短いテキスト型で用意したとします。フィールド「社名」のふりがなを全角ひらがなで、フィールド「社名ふりがな」に自動入力したいとします。

まずはテーブル「顧客」をデザインビューで表示した後、フィールド「社名」のフィールドプロパティにある「ふりがな」の❶［...］をクリックしてください（画面1）。

▼画面1　「ふりがな」の［...］をクリック

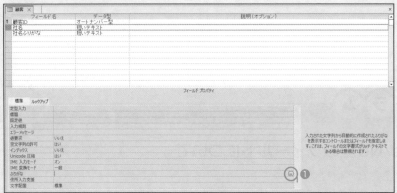

すると、「ひらがなウィザード」が開くので、「ふりがなの入力先」の❷［既存のフィールドを使用する］をオンにします。ドロップダウンから❸フィールド「社名ふりがな」を選び、「ふりがなの文字種」にて❹［全角ひらがな］を選んだら、❺［完了］をクリックしてください（画面2）。

すると、フィールドプロパティを変更してよいかを問うメッセージ画面が表示されるので、そのまま［OK］をクリックしてください。

▼画面2　ふりがなの入力先と文字種を設定

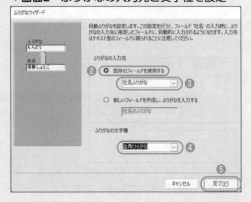

これで、ふりがなが自動入力されるようになりました。データシートビューに切り替え、たとえばフィールド「社名」に「津脇商事」と入力すると、フィールド「社名ふりがな」に「つわきしょうじ」と自動入力されます（画面3）。

なお、「ふりがなの文字種」は［全角カタカナ］または［半角カタカナ］も選べます。

▼画面3　ふりがなが自動入力される

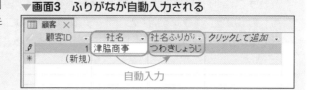

● **住所の入力支援**

同じくテーブル「顧客」にて、フィールド「郵便番号」と「住所」をそれぞれ短いテキスト型で用意したとします。郵便番号から住所の一部を自動入力するには、デザインビューにて、フィールド「住所」のフィールドプロパティの下の方にある「住所入力支援」の ❻ ［…］をクリックしてください（画面4）。

▼画面4　「住所入力支援」の［…］をクリック

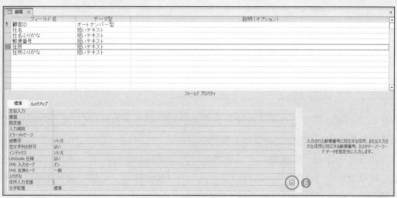

すると、「住所入力支援ウィザード」が開きます。まずは郵便番号が入力されているフィールドを指定します。「郵便番号」のドロップダウンを開くと、テーブル「顧客」のフィールドが一覧表示されるので、その中から ❼ フィールド［郵便番号］を選び（画面5）、❽［次へ］をクリックしてください。

▼画面5　郵便番号のフィールドを指定

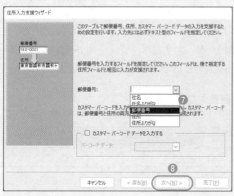

3

テーブルの作成

　次に、都道府県と市町村を別フィールドに分割するかどうかなど、住所の構成を指定します。今回、テーブル「顧客」では、住所はフィールド「住所」のみに分割せず入力する構成になっているので、「住所の構成」にて❾［分割なし］をオンにします（画面6）。
　続けて、郵便番号から取得した住所の一部を自動入力するフィールドを指定します。「住所」のドロップダウンを開くと、テーブル「顧客」のフィールドが一覧表示されるので、その中から❿フィールド［住所］を選びます。最後に⓫［完了］をクリックしてください。

▼**画面6　住所の自動入力先のフィールドを指定**

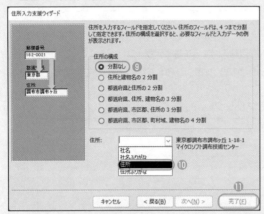

　すると、フィールドプロパティを変更してよいかを問うメッセージ画面が表示されるので、そのまま［OK］をクリックしてください。
　これで、フィールド「郵便番号」に入力すると、対応した住所の一部が自動入力されるようになりました（画面7）。なお、フィールド「郵便番号」には、郵便番号の3桁目と4桁目の間に、ハイフンが自動で挿入されます。

▼**画面7　住所の一部が自動入力される**

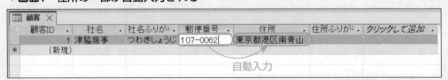

　さらに、フィールド「住所ふりがな」を短いテキスト型として用意して、画面1～3と同様の手順で、フィールド「住所」のふりがなが自動入力されるよう設定することもできます。すると、フィールド「郵便番号」を入力すれば、フィールド「住所」とフィールド「住所ふりがな」の両方が同時に自動入力されるようになります（画面8）。

▼**画面8　住所の一部と住所ふりがなが自動入力される**

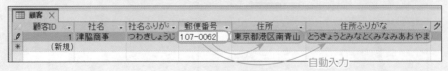

第 **4** 章

クエリでデータを検索

本章ではデータベース内のレコードを検索する方法を学びます。その中で、検索を行う仕組みである「クエリ」が学習の中心となります。クエリにはさまざまな使い方があり、おぼえることもたくさんありますが、あせらずゆっくりと1つ1つマスターしていきましょう。

クエリを使いこなそう

◉ クエリとは

「**クエリ**」とは、テーブルに格納されているデータを操作するための機能です。データベースは単にデータを蓄積するだけでは苦労して作成する意味はほとんどなく、蓄積したデータを活用してこそ役立つのです。クエリはデータを活用するための手段の1つなのです。

そもそも「クエリ」（Query）という言葉は「問い合わせ」という意味です。クエリによってテーブル内のデータに対して、「○○という条件でデータを××してください」といった"問い合わせ"を行うと、その結果が得られます。Accessにはこのクエリを作成し、実行して結果を得る機能が用意されています（図1）。

図1　クエリの概念図

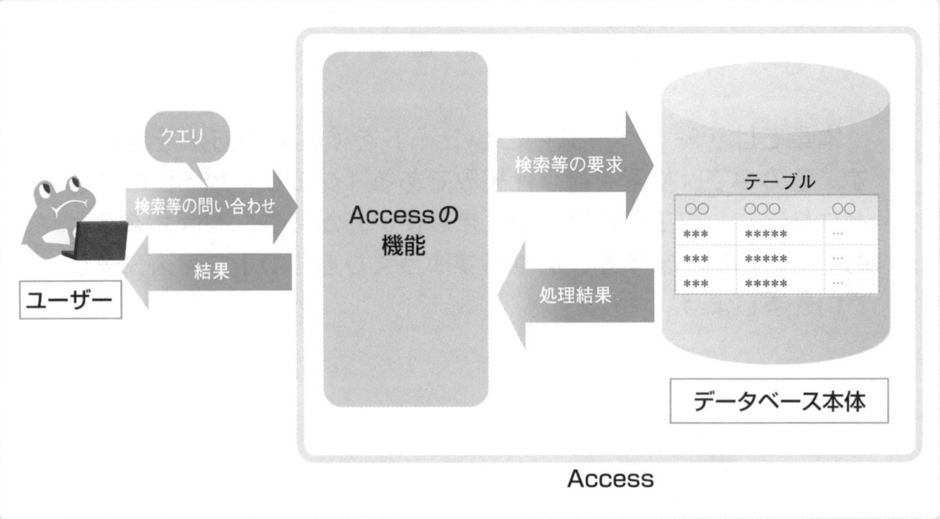

```
                    クエリ
              ┌─────┐
              │     │
   検索等の問い合わせ          検索等の要求         テーブル
  ┌──────────────→ ┌────────┐ ──────────→   ┌──────────────┐
  │                │        │               │ ○○  ○○○  ○○  │
ユーザー    結果    │ Accessの │               │ *** ***** ... │
  ←──────────────  │ 機能    │               │ *** ***** ... │
                    │        │               │ *** ***** ... │
                    │        │ ←──────────   └──────────────┘
                    └────────┘   処理結果
                                              データベース本体

                              Access
```

クエリで具体的にどのような操作ができるかというと、まず挙げられるのが検索です。さらには、データの追加・更新・削除、さらにはテーブルの構造の定義なども行えます。検索するクエリのことを「**選択クエリ**」と呼びます。これまで1-3節などで「検索の命令」などという言葉を用いてきましたが、この「検索の命令」が選択クエリのことです。

データの追加・更新・削除を行うクエリのことを「**アクションクエリ**」と呼びます。テーブルの構造の定義を行うクエリのことを「**データ定義クエリ**」と呼びます。他にも、さまざまなクエリが用意されています（図2）。

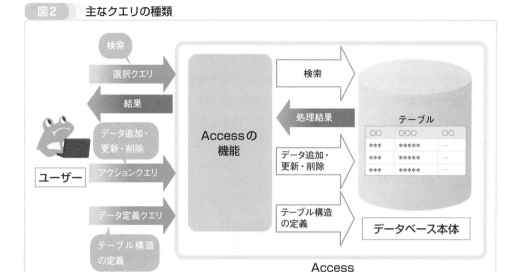

図2　主なクエリの種類

　初心者の方はまず、クエリの基本である「選択クエリ」をマスターしましょう。他のクエリは名前と概要を把握するのみで構いません。これから本章で選択クエリを解説していきます。

　本章ではこれからさまざまな選択クエリを解説していきますが、残念ながらページ数の関係上、詳しい解説を割愛させていただくクエリがいくつかあります。
　たとえば、クロス集計クエリです。Excelでおなじみのピボットテーブルのように、指定した複数のフィールドを行と列に配置して、表の形式で多角的に集計するクエリです。なお、Accessにはクエリ以外にも、テーブルのデータをピボットテーブルの形式で表示・集計できる「ピボットテーブルビュー」が用意されていたり、ピボットテーブルをグラフ化したりする機能も利用できます。
　重複する値を除く選択クエリと、グループ化して集計する選択クエリについては、巻末の資料1を参照してください。他にも、複数のテーブルやクエリの結果をひとまとめにする「ユニオンクエリ」など、いくつか選択クエリの種類があります。興味のある方は他の解説書などを参考にマスターしてください。
　そして、本章4-10～11節では、アクションクエリの代表として、更新クエリと削除クエリの基礎を解説します。データ定義クエリの解説は本書では割愛します。

クエリの主役である選択クエリ

選択クエリとはデータを検索するためのクエリなのですが、一口に検索といっても、さまざまなかたちで検索が行えます。まずは指定した条件を満たすレコードの検索です。さらに「指定した条件」にもバリエーションがあり、指定した語句を含む、数値がある値より大きいなど、幅広い条件で検索できます。また、複数の条件を同時に満たすレコードの検索も行えます。

指定した条件を満たすレコードの検索以外に、指定した条件にしたがってレコードを並び替えたり、グループ化したり、集計したりなどして検索することが可能です（図3）。

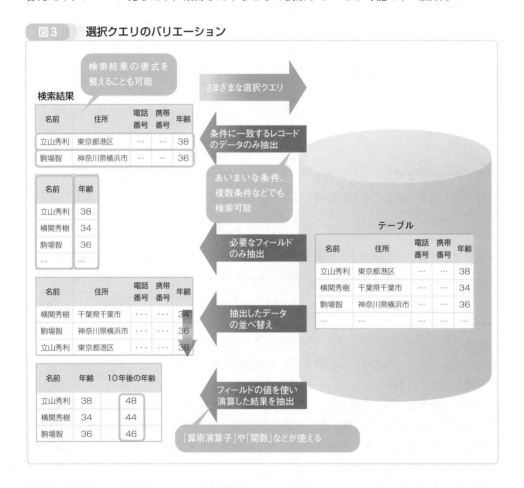

図3　選択クエリのバリエーション

作成したクエリは保存し、何度でも再利用できます。選択クエリはあくまでも検索の命令であり、検索の結果ではありません。たとえば、ある語句を含むレコードを検索する選択クエリを作成したとします。その選択クエリでテーブルに格納されたデータを検索すれば、条件に一致するレコードが検索できます。

その後、テーブル内にレコードが追加されたとします。保存しておいた検索クエリを実行すると、追加されたレコードが条件を満たしていれば、今度は検索結果に追加したレコードも含まれるようになります。同じクエリで検索しても、データの内容によって、得られる検

索結果は異なるのです。

　概念だけだと理解しづらいので、具体例を挙げます。図4のような名簿のテーブルにて、「年齢が35歳以上のレコードを検索する」という選択クエリで検索するとします。テーブル内のレコードで年齢が35際以上なのは2件該当しますので、この2件のレコードが検索結果として得られます（❶）。

　その後、ある人のレコードが追加されたとします。追加された人の年齢は35歳以上となっています。先ほどの検索クエリを実行すると、今度は年齢が35際以上のレコードは3件あり、この3件が検索結果として得られます（❷）。

図4　選択クエリは何度でも使える

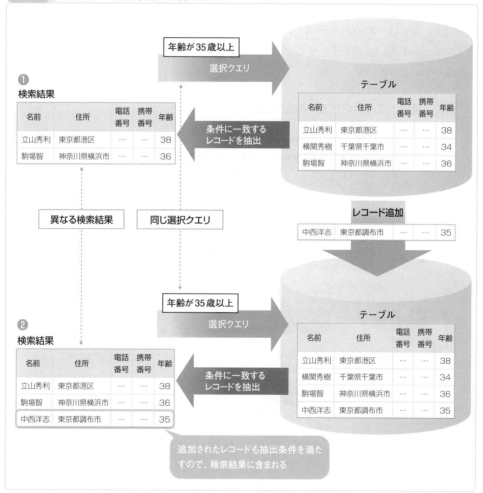

　このように選択クエリは幅広い条件で検索が行え、再利用できるため、データベースに蓄積したデータから欲しいデータを欲しい形式で取得するなど、さまざまな用途で利用できます。

4-2 選択クエリ作成の基本

● デザインビューでクエリを作成しよう

クエリの概要を理解したところで、次は選択クエリの作成方法を解説します。

Accessにはクエリを作成する主な方法として、ウィザードとデザインビューの2つがあります（図1）。本書ではデザインビューを用いた選択クエリの作成方法を解説します。質問に答えていくだけで済むウィザードの方が最初はとっつきやすいかもしれませんが、作成できるクエリの幅が限られてしまいます。デザインビューの方が幅広いクエリを作成できるので、今後みなさんが仕事などで選択クエリを作成する際は、デザインビューをメインにした方が有利です。ならば、最初からデザインビューでの作成方法をマスターした方がよいので、デザインビューを用いるのです。また、デザインビューの方がクエリの構造も見やすく、理解も進みやすいと言えます。

図1 選択クエリ作成方法は2種類ある

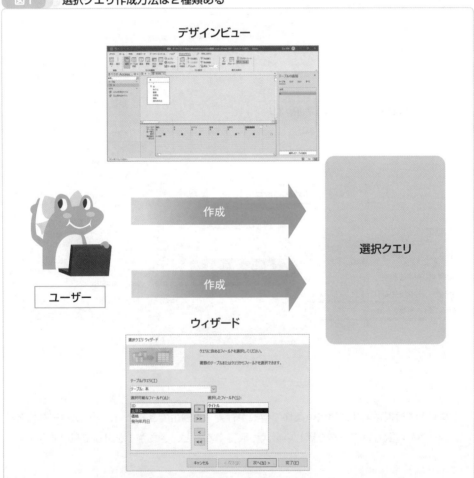

　デザインビューを用いて選択クエリの作成を始める前に、ここで選択クエリ作成の基本となる仕組みと流れの全体像を解説します。デザインビューはいろいろ細かく設定でき、慣れるまでは見づらく感じるので、この全体像を先に理解しておかないと、操作の途中で何をやっているのかわからなくなってしまう恐れがあるからです。

　では、全体像の解説を始めます。指定したテーブル内に格納されているデータを、指定した条件で検索する選択クエリを作成するには、次の3項目を決めることがポイントになります。

---

① 条件の対象となるフィールド

② 条件の内容

③ 抽出の対象となるフィールド

　「① 条件の対象となるフィールド」は検索の際、どのフィールドで検索を行うのかを決めるということです。たとえば、テーブル「本」にて、指定した著者のレコードを検索したい場合、①条件の対象となるフィールドは「著者」になります（図2）。

図2　①の概念図

　「② 条件の内容」は①で指定したフィールドを対象に、条件を満たすレコードを検索するにあたり、条件そのものを決めるということです。たとえば、テーブル「本」にて、「立山秀利」という著者のレコードを検索したい場合、②条件の内容は「立山秀利」という文字列になります（図3）。

図3 ②の概念図

「③ 抽出の対象となるフィールド」とは、条件を満たすレコードが見つかったら、そのレコードのどのフィールドのデータを抽出するかということです。たとえば、テーブル「本」にて、「立山秀利」という著者のレコードのタイトルを検索したいとします。この場合、③抽出の対象となるフィールドは「タイトル」になります（図4）。

図4 ③の概念図

①〜③のまとめると次の図のようになります（図5）。この図をしっかりを頭に入れておいてください。

図5 ①〜③のまとめ。選択クエリ作成の全体像

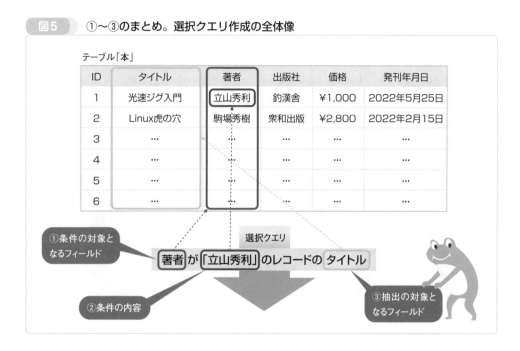

選択クエリを作成する際、これら①〜③の全体像を把握しておき、選択クエリの作成作業を始める前に①〜③をきちんと決めておくことがコツです。たとえば先述の「テーブル『本』にて、著者が『立山秀利』であるレコードのタイトルを検索する」という選択クエリを作成したいなら、事前に①〜③を次のように決めておきます（図6）。

---

① 条件の対象となるフィールド
　著者

② 条件の内容
　「立山秀利」という文字列

③ 抽出の対象となるフィールド
　タイトル

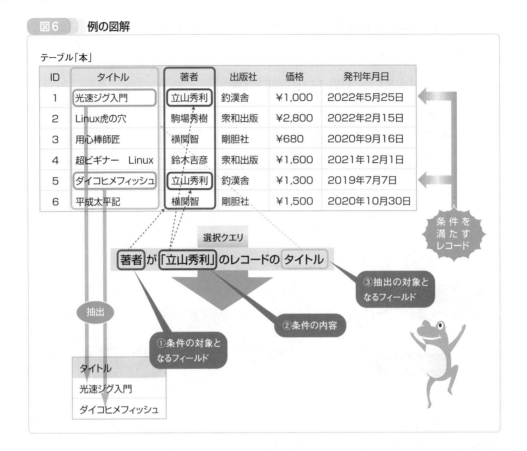

図6 例の図解

慣れてくれば①～③は検索したい内容を見ればすぐに頭に浮かぶようになるかと思いますが、最初のうちは手間になりますが、①～③を紙などに書き出すことをお勧めします。

特に①と③を混同しないよう注意してください。次節で紹介しますが、残念ながらAccessはデザインビューでもウィザードでも、①と③を混同しやすい画面構成になってしまっています。慣れれば混同しなくなるかと思いますが、最初のうちはとまどうでしょう。次節以降で具体例を示しながら解説していき、みなさんにも実際にクエリを作成し実行していただくなかで慣れていただきます。

また、検索したい内容によっては、検索③抽出の対象となるフィールドが、①条件の対象となるフィールドと同じになるケースもよくあります。たとえば、「著者が『立山秀利』であるレコードの著者を検索したい」というケースです。こう表現すると、少々ややこしく感じてしまいますが、要は一般的な検索のように、指定した名前の著者で検索して、該当する著者の名前を抽出するということに過ぎません（図7）。

なお、ウィザードで選択クエリを作成する場合でも、①～③が把握できていないと、結局何をしているのか途中でわからなくなくなる恐れがあります。それほどこの①～③は選択クエリ作成にとって重要なのです。

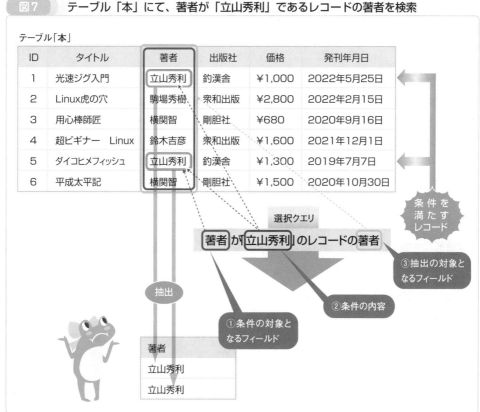

図7 テーブル「本」にて、著者が「立山秀利」であるレコードの著者を検索

予告になりますが、実は複雑な選択クエリでは、①〜③以外にも決めなければならない要素があります。Accessでは、抽出したデータを並び替えや演算など処理したかたちで検索結果を得ることもできます。そうしたい場合、どう処理するかを事前に決めなければならないのです。それらは本章の後半であらためて解説しますが、とりあえず現時点では基本として①〜③だけをおぼえてください。

さらには、今回はテーブルが1つしか登場しませんが、複数のテーブルが対象となるケースも多々あります。その場合、①の前に対象とするテーブルを決める必要があります。このようなケースでの選択クエリ作成については5章で解説します。

4-3 選択クエリを作成し 検索してみよう

選択クエリを作成しよう

　本節では、いよいよ選択クエリを作成します。その後、作成した選択クエリを実行し、どのような検索結果が得られるかも体験していただきます。

　今回作成する選択クエリは、前節で例に挙げた下記とします。

テーブル「本」にて、著者が「立山秀利」であるレコードのタイトルを検索する

　では、上記の選択クエリ作成にあたって、前節で解説した①〜③を事前に決めます。それらは前節ですでに決めましたが、ここで改めて提示しておきます。

---

① 条件の対象となるフィールド
　　著者
② 条件の内容
　　「立山秀利」という文字列
③ 抽出の対象となるフィールド
　　タイトル

　では、この①〜③を元に、Accessを操作して選択クエリを作成しましょう。デザインビューでのクエリ作成は、[作成] タブの [クエリデザイン] から行います。[クエリデザイン] をクリックしてください（画面1）。

▼**画面1　クエリを新規作成**

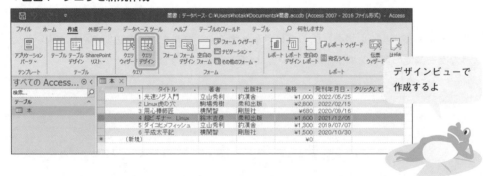

　すると、クエリのデザインビューが開き（リボンのタブ名は「クエリデザイン」）、リボンの下に［クエリ1］というタブが表示されます。同時に「テーブルの追加」という作業ウィンドウが画面右側に表示されます。「テーブルの追加」では、選択クエリの対象とするテーブルを指定します。今回はテーブル「本」が対象となるので、一覧から［本］を選び、［選択したテーブルを追加］をクリックしてください（画面2）。

▼**画面2　テーブル「本」を追加**

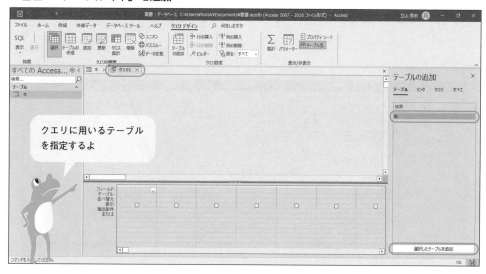

　すると、［クエリ1］タブにテーブル「本」のボックスが追加されます。続けて、「テーブルの追加」作業ウィンドウの右上にある［閉じる］（［×］ボタン）をクリックして閉じてください。すると、画面が次の状態になります（画面3）。

▼**画面3　テーブル「本」を追加した状態**

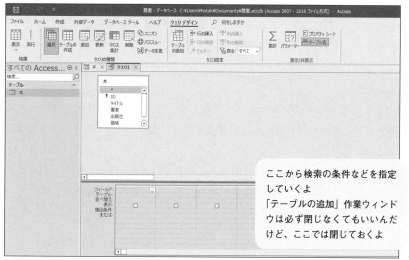

　画面上部には、テーブル「本」のボックスがあり、フィールドが一覧表示されています。テーブル「本」のボックスが表示されている領域を「**デザインワークスペース**」と呼びます。クエリで用いるテーブルはすべてこのエリアに表示されます。

　画面下部には「フィールド」や「テーブル」などと表示された表があります。この表のことを「**デザイングリッド**」と呼びます。以降の説明では「デザインワークスペース」と「デザイングリッド」という言葉を用いますので、まずはおぼえてください（図1）。

図1　「デザインワークスペース」と「デザイングリッド」

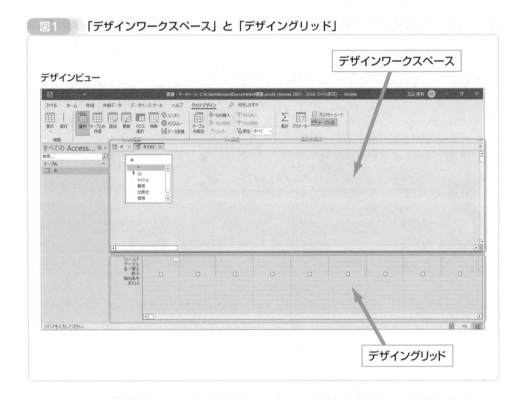

　選択クエリを作成するには、このデザイングリッド上に必要な項目を設定していきます。最初に決めた①〜③をデザイングリッド上に落とし込んでいくのです。その際、必要なフィールドは、デザインワークスペース上のテーブルのボックスから指定します。では、①から順番に設定してきましょう。

　①条件の対象となるフィールドはフィールド「著者」でした。デザインワークスペースにあるテーブル「本」のボックスの［著者］を、デザイングリッドの「フィールド」の1列目にドラッグしてください。

　すると画面4のように「フィールド」欄に「著者」と追加されます。また、その下の「テーブル」の行には、フィールド「著者」の属するテーブル「本」が自動的に指定されます。

▼**画面4　フィールド「著者」を追加**

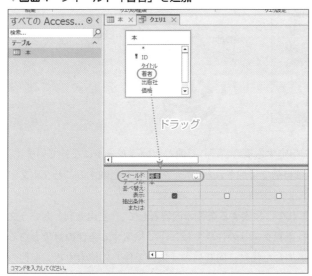

ドラッグするだけで
追加できるよ

　以上で①の設定は終わりです。これで、検索する条件の対象となるフィールド「著者」を設定できました。このように選択クエリの作成では、まずは検索する条件の対象となるフィールドをデザイングリッドに追加します。

　次は②を設定しましょう。条件の内容は「立山秀利」という文字列です。デザイングリッドの「フィールド」の下には「抽出条件」という行があります。この行に②条件の内容を指定します。先ほどフィールド「著者」を設定したデザイングリッドの同じ列の「抽出条件」の行に、「立山秀利」と入力してください（画面5）。

▼**画面5　「抽出条件」を指定**

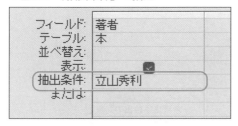

いわゆる"検索キーワード"
の指定だね

　入力し終えたら、Enterキーを押してください。すると、文字列の冒頭と終わりに「"」（ダブルクォーテーション）が自動的に付加されて「"立山秀利"」と設定されます（画面6）。

▼**画面6　文字列として指定**

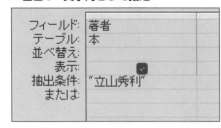

自動的に「"」で囲まれたよ

Accessでは抽出条件に文字列を指定する場合、「"」で囲むというルールになっています。今体験していただいたように「"」は自動で付加されるので、それほど意識することなく文字列を入力すればOKです。

以上で②の設定は終わりです。これで、検索する条件の内容として、「立山秀利」という文字列を設定できました。このように選択クエリの作成では、①で検索する条件の対象となるフィールドをデザイングリッドに追加した後に、同じ列の「抽出条件」に検索する②条件の内容を設定します。

最後は③の設定です。抽出の対象となるフィールドは「タイトル」でした。デザインワークスペースにあるテーブル「本」のボックスの［タイトル］を、デザイングリッドの「フィールド」の2列目にドラッグしてください。

すると画面のように「フィールド」欄に「タイトル」と追加されます（画面7）。また、その下にはテーブル「本」が自動的に指定されます。このように抽出の対象となるフィールドも、条件の対象となるフィールドと同じく、デザイングリッドに並べて指定することになります。

▼**画面7　フィールド「タイトル」を追加**

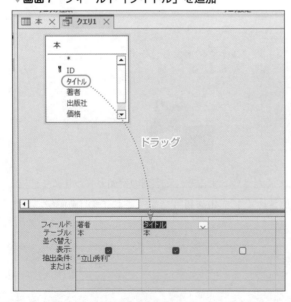

ドラッグ

今度は③抽出の対象となるフィールドを追加するんだね

　③の設定にはもう1つだけ作業が必要となります。デザイングリッドの4行目に「表示」とあります。この「表示」のセルにチェックが入っていると、そのフィールドが抽出の対象となります。

　現在、「タイトル」の列と「著者」の列の「表示」のセルはチェックが入った状態になっているかと思います。フィールドを追加して時点で自動的にチェックが入るようになっているからです。

　今回、抽出するフィールドは「タイトル」だけです。今のままでは「著者」も一緒に抽出されてしまいます。そこで、「著者」の列の「表示」のチェックを外してください（画面8）。

▼**画面8　抽出するフィールドを指定**

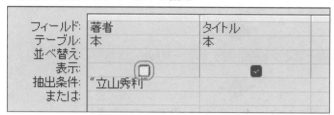

抽出しないフィールドは「表示」のチェックを外すんだね

　このように検索の条件だけに利用し、抽出の対象としないフィールドは、「表示」のチェックを外してください。これで選択クエリは作成できました。デザイングリッド上で設定した内容と①～③の対応を図にまとめておきますので、確認しておきましょう（図2）。

図2　①～③とデザイングリッド上の設定との対応

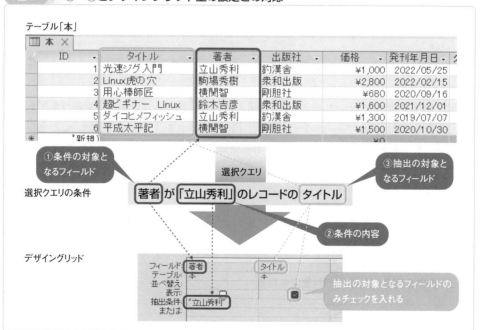

クエリでデータを検索

あわせて、選択クエリ作成の流れを一般化したチャートも下記に提示しておきます（図3）。

図3 選択クエリ作成の流れ

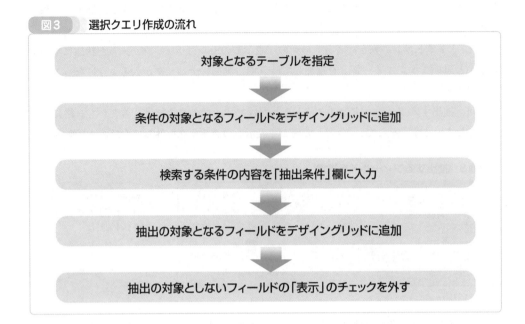

対象となるテーブルを指定

↓

条件の対象となるフィールドをデザイングリッドに追加

↓

検索する条件の内容を「抽出条件」欄に入力

↓

抽出の対象となるフィールドをデザイングリッドに追加

↓

抽出の対象としないフィールドの「表示」のチェックを外す

ここまでの作業でおわかりかと思いますが、デザイングリッドでは抽出の対象となるフィールドも、条件の対象となるフィールドと同じように並びます。違いは「表示」のチェックがあるかないかのみです。そのため、①と③を混同しがちです。今後みなさんが自分で選択クエリを作成する際は、間違えずに③のフィールドのみ［表示］にチェックを入れるようにしましょう。

抽出の対象となるフィールドのみ「表示」のチェックを入れる

また、条件の対象となるフィールドも抽出の対象としたい場合（①と③を兼ねたフィールド）、条件の対象となるフィールドの「表示」にもチェックを入れてください。たとえば今回の例で、「タイトル」だけでなく「著者」も一緒に抽出したい場合は、「著者」の「表示」にもチェックを入れればOKです。

まとめると、デザイングリッドに追加したフィールドは、次の3パターンあることになります。

（A）条件の対象となる
（B）抽出の対象となる
（C）条件の対象にも抽出の対象にもなる

　この中で「表示」にチェックを入れるのは（B）と（C）のパターンです。デザイングリッドでの操作は、（A）は「表示」にチェックを入れず、「抽出条件」に条件を入力するだけになります。（B）は「表示」にチェックを入れるだけで、「抽出条件」には何も入力しません。（C）は「表示」にチェックを入れ、かつ、「抽出条件」に条件を入力することになります。

作成した選択クエリで検索してみよう

　では、作成した選択クエリを実行してみましょう。[クエリデザイン]タブの[実行]をクリックしてください（画面9）。

▼**画面9　選択クエリを実行**

ここをワンクリックで選択クエリを実行できるよ

　すると画面10のように検索結果が表形式で表示されます。

▼**画面10　検索結果**

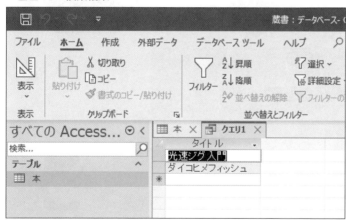

選択クエリで検索した結果がこれだ

　画面をよく見ると、デザインワークスペースとデザイングリッドが消えています。この画面の状態は「**データシートビュー**」と呼びます。実はクエリを実行すると、画面がデザインビューからデータシートビューに変わり、クエリの実行結果が表示されるようになっています。デザインビューに戻るには、[ホーム]タブの[デザインビュー]ボタン（三角定規のアイコン）をクリックしてください。

さて、ここで検索結果に注目していただきます。「光速ジグ入門」と「ダイコヒメフィッシュ」というタイトルが検索されています。テーブル「本」に格納されているデータを見ると、確かにフィールド「著者」のデータが「立山秀利」のレコードは、フィールド「タイトル」のデータが「光速ジグ入門」と「ダイコヒメフィッシュ」となっています。ちゃんと「テーブル『本』にて、著者が『立山秀利』であるレコードのタイトルを検索する」というお題目通りの選択クエリが無事作成できたことになります。

ここでテーブル「本」の中身とデザイングリッドの設定と検索結果を図にまとめておきます。今回作成した選択クエリがデザイングリッド上でどう設定され、テーブル「本」から該当するデータがどう抽出されたのか確認しておきましょう（図4）。

図4　テーブル「本」の中身とデザイングリッドの設定と検索結果

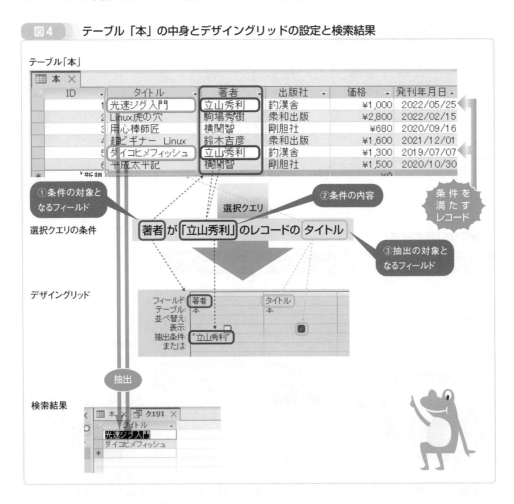

では、作成した選択クエリを保存しましょう。［上書き保存］をクリックしてください（画面11）。

▼**画面11　選択クエリを保存**

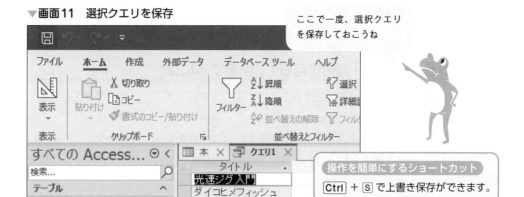

ここで一度、選択クエリ
を保存しておこうね

操作を簡単にするショートカット
Ctrl + S で上書き保存ができます。

　「名前を付けて保存」ダイアログボックスが表示されるので、「クエリ名」に名前を入力し[OK]をクリックしてください。クエリの名前は好きに付けてよいのですが、どのような検索を行うクエリなのかわかりやすい名前にしましょう。今回は「立山秀利のタイトル」とします（画面12）。

▼**画面12　名前を付けて保存**

名前を付けて保存	?	×
クエリ名:		
立山秀利のタイトル		
	OK	キャンセル

わかりやすい名前を
付けてね

　すると、画面左側のナビゲーションウィンドウに「クエリ」というカテゴリが追加され、先ほど保存した選択クエリ「立山秀利のタイトル」が表示されます（画面13）。あわせて、デザインワークスペースのタブ名も、「クエリ1」から「立山秀利のタイトル」に変わります。

▼**画面13　保存された**

保存された選択クエリは
こう表示されるよ

なお、ナビゲーションウィンドウのクエリをダブルクリックすると、そのクエリを実行することができます。

フィールド「価格」や「発刊年月日」で検索するには

先ほど作成・実行していただいた選択クエリ「立山秀利のタイトル」は、①条件の対象となるフィールドが「著者」でした。このフィールド「著者」は短いテキスト型のフィールドでした。ゆえにデザイングリッドの「抽出条件」には文字列を指定したのです。このようにデザイングリッドの「抽出条件」は、そのフィールドのデータ型にあわせて指定する必要があります。

たとえば、通貨型や数値型のフィールドなら、数値をそのまま半角で「抽出条件」に入力して指定します。ここで例を挙げましょう。「テーブル『本』にて、価格が1500円であるレコードのタイトルを検索する」という選択クエリを作成するには、次の画面のようにデザイングリッドを設定します（画面14）。なお、デザイングリッドの「フィールド」をクリックすると、フィールドをドロップダウンから変更できます。

▼**画面14　通貨型や数値型フィールドの条件指定**

「"」で囲わず、そのまま数値を指定するのね

①条件の対象となるフィールドとして「価格」を指定します。②条件の内容は1500円なので、「抽出条件」には1500という数値を指定します。抽出の対象にはしないので「表示」のチェックを外します。そして、③抽出の対象となるフィールドとして「タイトル」を指定します。

この選択クエリを実行すると「平成太平記」という検索結果が得られます。テーブル「本」の中身を見ると、フィールド「価格」のデータが1500であるレコードのタイトルは「平成太平記」であることが確認できるかと思います（画面15）。

▼**画面15　検索結果**

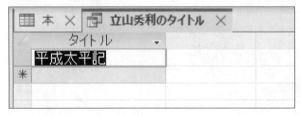

価格が1500円の本は確かにこれだね

　日付／時刻型のフィールドなら、年月日を「/」で区切り、「#」で囲った形式で「抽出条件」に入力して指定します。たとえば、「テーブル『本』にて、発刊年月日が2022/02/15であるレコードのタイトルを検索する」という選択クエリを作成するには、次の画面のようにデザイングリッドを設定します（画面16）。

▼**画面16　日付／時刻型フィールドの条件指定**

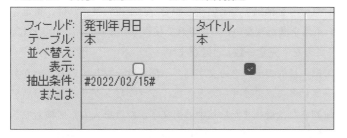

日付／時刻は「#」で囲うんだね

　①条件の対象となるフィールドとして「発刊年月日」を指定します。②条件の内容は2022/02/15なので、「抽出条件」には「#2022/02/15#」と指定します。抽出の対象にはしないので「表示」のチェックを外します。そして、③抽出の対象となるフィールドとして「タイトル」を指定します。

　この選択クエリを実行すると「Linux虎の穴」という検索結果が得られます。テーブル「本」の中身を見ると、フィールド「発刊年月日」のデータが「2022/02/15」であるレコードのタイトルは「Linux虎の穴」であることが確認できるかと思います（画面17）。

▼**画面17　検索結果**

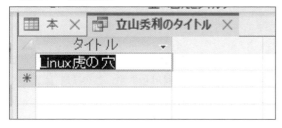

発行年月日が2022年2月15日の本は確かにこれだね

　なお、「抽出条件」に「2022/2/15」と入力した後に Enter キーを押すと、冒頭と終わりに「#」が、「2」の前に「0」が自動的に付加されて、「#2022/02/15#」とルール通りの形式に変換してくれます。

　それでは、デザインワークスペースの右上の［×］をクリックし、本節で作成した選択クエリを閉じてください。その際、クエリの変更を保存するか聞かれるので、［いいえ］をクリックし、保存せずに閉じてください。

> **操作を簡単にするショートカット**
> 保存済みクエリをナビゲーションウィンドウで選択した状態で、Ctrl + Enter を押すと、デザインビューで開くことがができます。テーブルも同様です。

あいまいな条件で検索

● 完全一致と部分一致

　前節で作成したクエリの検索条件は、フィールド「著者」が指定した文字列「立山秀利」とまったく同じデータを持つレコードを抽出するというものでした。言い換えれば、指定した文字列と一字でも異なれば、条件を満たさないとみなされて検索されません。このように、文字列のすべてが一致していることを「**完全一致**」と呼びます。

　一方、データベースの検索では、目的のデータの文字列の一部だけ一致しているというあいまいな条件で検索したいケースは多々あります。たとえば、ショッピングサイトで商品を検索する際、目的の商品名の最初または最後または途中の何文字かだけを入力して検索できることはあたりまえとなっています。このように文字列の一部のみが一致していることを「**部分一致**」と呼びます（図1）。

図1　完全一致と部分一致での検索

　Accessの選択クエリは前節のような完全一致での検索に加え、部分一致での検索も可能です。部分一致で条件を指定するには「*」（アスタリスク）を利用します。この「*」は「ワイルドカード文字」と呼ばれ、「どの文字でもよい」という意味になります。デザイングリッドの「抽出条件」に、検索キーワードと「*」を組み合わせて指定します。部分一致のキーワードとの組み合わせ方よって、次の表のパターンで検索できます（表1）。ここでは「日本」をキーワードとします。

▼表1　検索例

組み合わせ	検索のされ方
日本*	冒頭が「日本」で始まる文字列
*日本	最後が「日本」で終わる文字列
日本	途中に「日本」を含む文字列
日*本	冒頭が「日」で始まり、最後が「本」で終わる文字列

部分一致の選択クエリを作成しよう

それでは、Accessで部分一致の選択クエリを作成していただきます。お題目は次の通りとします。

> タイトルの冒頭が「Linux」で始まるレコードのタイトルと出版社を検索

このお題目から、前節同様に①〜③を整理してみます。

① 条件の対象となるフィールド
　タイトル
② 条件の内容
　冒頭が「Linux」で始まる文字列
③ 抽出の対象となるフィールド
　タイトル、出版社

では、上記の選択クエリを新たに作りましょう。前節同様に［作成］タブの［クエリデザイン］をクリックしてデザインビューを開き、テーブル「本」を指定してください（テーブルの追加」作業ウィンドウで、もしテーブル「本」が一覧に表示されていなければ、一覧のすぐ上にある［テーブル］をクリックしてください）。そして、①条件の対象となるフィールドとして、フィールド「タイトル」をデザイングリッドにドラッグ＆ドロップしてください（画面1）。

▼**画面1　フィールド「タイトル」を追加**

まずは条件の対象となるフィールドをデザイングリッドに追加するよ

フィールド:	タイトル
テーブル:	本
並べ替え:	
表示:	☑
抽出条件:	
または:	

次に②条件の内容として、デザイングリッドの「抽出条件」に冒頭が「Linux」で始まる文字列を指定します。先ほど学んだ「*」を使い、どう指定すればよいでしょうか？　冒頭が「Linux」で始まる文字列ということで、「Linux」の後に「*」を付けて指定します。

```
Linux*
```

では、「抽出条件」に「Linux*」と入力してください（画面2）。

▼**画面2** 「抽出条件」に「Linux」と指定

「Linux」の後ろに「*」
を付けて指定するよ

入力し終えたら Enter キーを押してください。すると、「Linux*」が「"」（ダブルクォーテーション）で自動的に囲まれ、その前に「**Like演算子**」が自動的に付加されます。Like演算子は部分一致で検索を行うための演算子です（画面3）。

▼**画面3** Enter キーを押した後

Like演算子が自動で
付けられた！

実はAccessでは「*」を用いて「抽出条件」の文字列を指定する際、文字列の前にLike演算子を付けるのがルールとなっています。しかし、今体験していただいたように、自動的に付加されるようになっているので、それほど意識しなくてもいいようになっています。

続けて、③抽出の対象となるフィールドを設定します。「タイトル」はすでに指定してあるので、「出版社」をデザイングリッドへドラッグ＆ドロップしてください。「表示」のチェックは入ったままにします。

今回「タイトル」は①条件の対象となるフィールドであると同時に、③抽出の対象となるフィールドでもあるので、「表示」のチェックは入ったままにします（画面4）。

▼**画面4** ②抽出の対象となるフィールドを指定

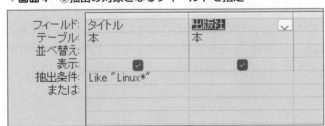

これで選択クエリが
完成だね

　以上で作成完了です。［クエリデザイン］タブの［実行］をクリックして選択クエリを実行してみましょう。すると、次のような検索結果が得られるはずです（画面5）。

▼**画面5　検索結果**

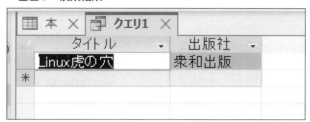

確かにタイトルの冒頭に「Linux」と付くデータだね

　テーブル「本」のデータの中で、タイトルの冒頭が「Linux」で始まるレコードは、タイトルが「Linux虎の穴」のレコードだけです。したがって、このレコードのタイトルと出版社が検索されます（図2）。

図2　お題目の図解

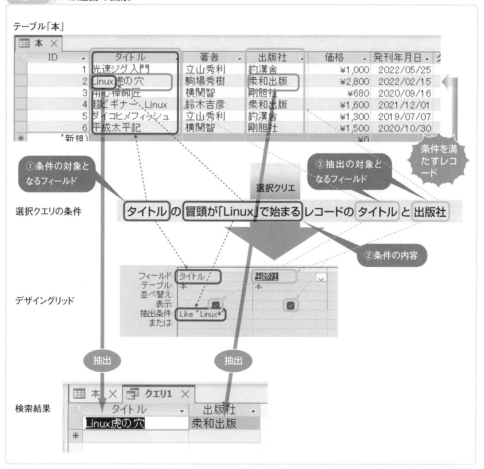

抽出条件を変更してみる

　最後が「Linux」で終わる文字列を指定するには、「*Linux」と記述します。これを先ほどのデザイングリッドの「抽出条件」に指定してクエリを実行すると、「超ビギナーLinux」というタイトルのレコードのタイトルと出版社が検索されます（画面6）。

▼**画面6　最後が「Linux」で終わるタイトルを検索するクエリと検索結果**

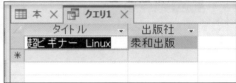

　また、途中に「Linux」を含むで文字列を指定するには、「*Linux*」と記述します。これを先ほどのデザイングリッドの「抽出条件」に指定してクエリを実行すると、「Linux虎の穴」および「超ビギナーLinux」というタイトルのレコードのタイトルと出版社が検索されます（画面7）。

▼**画面7　途中に「Linux」を含むタイトルを検索するクエリと検索結果**

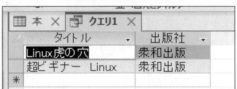

　「*」は「どんな文字でもよい」という意味でしたが、実は「文字がない」という状態も含まれます。そのため、「Linux虎の穴」も「超ビギナーLinux」も抽出条件に一致すると見なされたのです。

　それでは、本節で作成した選択クエリを「Linuxを含むタイトル」という名前で保存した後、閉じたら、次へ進んでください。

4-5 比較演算子を使って検索しよう

比較演算子とは

　これまで選択クエリによる完全一致／部分一致での検索を学びましたが、選択クエリは他にも多彩な方法で検索できます。その代表が「**演算子**」を用いた検索です。演算子とは文字通り、クエリで演算を行うための仕組みです。演算子には比較したり、加減乗除などの計算をしたりなど、さまざまなカテゴリがあります。

　数多くある演算子を今すぐここですべてマスターするのはまず無理であるうえに、あまり意味がありません。本書では代表的なカテゴリの代表的な演算子に絞って、本節以降で段階的に解説していきます。本節では基本的な演算子として、「**比較演算子**」をマスターしていただきます。比較演算子とは、文字通り比較するための演算子です。演算子の左辺に指定したフィールドのデータと、演算子の右辺に指定した数値や文字列などの値を比較し、演算子の意味する条件を満たしているかどうか判定します。そして、条件を満たしていれば真を返し、満たさなければ偽を返します（図1）。

図1　比較演算子の概念図

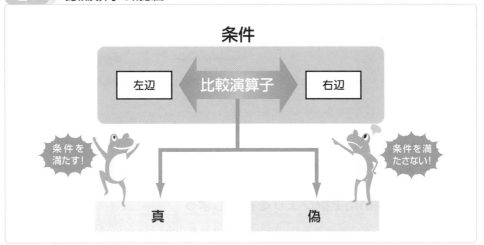

　比較演算子は「=」をはじめさまざまな種類がありますが、本節ではまず次の表をおぼえていただきます（表1）。

▼表1　比較演算子

演算子	使用例	意味
=	=a	aが等しい
<>	<>a	aと等しくない
<	<a	aより小さい
>	>a	aより大きい
<=	<=a	a以下
>=	>=a	a以上

まずはこの6つの比較演算子を
おぼえよう

　比較演算子は文字列型や数値型、通貨型、日付 / 時刻型など、多くのデータ型のフィールドで利用できます。たとえば、上記の表でaが数値の2であり、比較対象が数値の1とすると、それぞれの条件式は次の図のよう判定します（図2）。

図2　　比較演算子の例の図解

演算子	使用例	意味		比較演算子の返す結果
=	1 = 2	1と2が等しい	→	条件を満たさない
<>	1 <> 2	1と2が等しくない	→	条件を満たす
<	1 < 2	1が2より小さい	→	条件を満たす
>	1 > 2	1が2より大きい	→	条件を満たさない
<=	1 <= 2	1が2以下	→	条件を満たす
>=	1 >= 2	1が2以上	→	条件を満たさない

　これらさまざまな比較演算子をデザイングリッドの「抽出条件」に用いることで、比較演算子を用いて指定した条件を満たすレコードを検索できます。

比較演算子を用いた選択クエリを作成しよう

　それでは、Accessで比較演算子を用いた選択クエリを作成していただきます。お題目は次の通りとします。

価格が1300円以下であるレコードのすべてのフィールドを検索する

　このお題目から、前節同様に①〜③を整理してみます。

① 条件の対象となるフィールド
　価格
② 条件の内容
　1300円以下
③ 抽出の対象となるフィールド
　ID、タイトル、著者、出版社、価格、発刊年月日

　では、前節同様に［作成］タブの［クエリデザイン］をクリックしてデザインビューを開き、テーブル「本」を指定してください。そして、①条件の対象となるフィールドとして、フィールド「価格」をデザイングリッドにドラッグ＆ドロップしてください。

　次に②条件の内容として、デザイングリッドの「抽出条件」に「1300円以下」という条件を指定します。「〜以下」という演算子は「<=」でした。よって、「1300円以下」は「<=1300」と指定することになります。

```
<=1300
```

　では、「抽出条件」に「<=1300」と入力してください（画面1）。

▼**画面1**　「価格が1300円以下」という条件を指定

「抽出条件」に「<=1300」
と入力してね

フィールド:	価格	
テーブル:	本	
並べ替え:		
表示:	☑	☐
抽出条件:	<=1300	
または:		

　続けて、③抽出の対象となるフィールドを設定します。今回はすべてのフィールドが抽出対象となるのでした。「価格」はすでに指定してあるので、残りのフィールドをデザイングリッドへドラッグ＆ドロップしてください（画面2）。

　その際、デザインワークスペース上のテーブルのボックスでは、フィールドを Ctrl キーを押しながらクリックすれば複数同時に選択できます。また、 Shift キーを押しながら2つのフィールドをクリックすれば、その間にあるフィールドをすべて選択できます。これらの機能をうまく活用して、効率よくフィールドを選択しドラッグ＆ドロップしましょう。

クエリでデータを検索

▼**画面2　すべてのフィールドを追加**

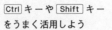
Ctrl キーや Shift キーをうまく活用しよう

　各フィールドの「表示」のチェックは入ったままにします。今回「価格」は①条件の対象となるフィールドであると同時に、③抽出の対象となるフィールドでもあるので、「表示」のチェックは入ったままにします（画面3）。

▼**画面3　すべてのフィールドの「表示」にチェックを入れる**

フィールド:	価格	ID	タイトル	著者	出版社	発刊年月日
テーブル:	本	本	本	本	本	本
並べ替え:						
表示:	☑	☑	☑	☑	☑	☑
抽出条件:	<=1300					
または:						

フィールド「価格」も抽出するよ

　以上で作成完了です。［デザインタブ］の［実行］をクリックして選択クエリを実行してみましょう。すると、次のような検索結果が得られるはずです（画面4）。

▼**画面4　検索結果**

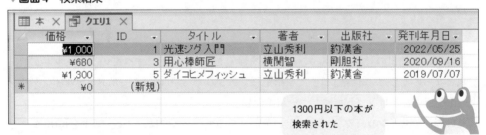

価格	ID	タイトル	著者	出版社	発刊年月日
¥1,000	1	光速ジグ入門	立山秀利	釣漢舎	2022/05/25
¥680	3	用心棒師匠	横関智	剛胆社	2020/09/16
¥1,300	5	ダイコヒメフィッシュ	立山秀利	釣漢舎	2019/07/07
¥0	(新規)				

1300円以下の本が検索された

　テーブル「本」のデータの中で、フィールド「価格」のデータが1300円以下のレコードは、1000円であるタイトル「光速ジグ入門」のレコードと、680円であるタイトル「用心棒師匠」のレコードと、1300円であるタイトル「ダイコヒメフィッシュ」のレコードの3件が該当します。したがって、これらレコードのすべてのフィールドが検索されます（図3）。

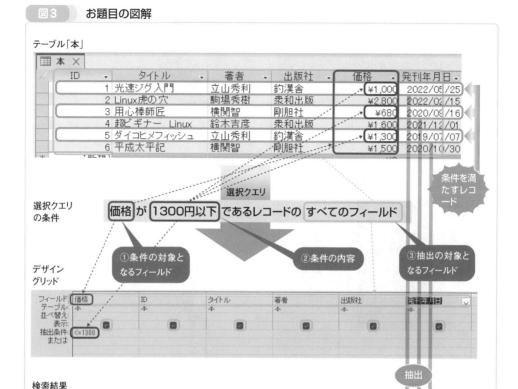

図3 お題目の図解

テーブル「本」

ID	タイトル	著者	出版社	価格	発刊年月日
1	光速ジグ入門	立山秀利	釣漢舎	¥1,000	2022/05/25
2	Linux虎の穴	駒場秀樹	衆和出版	¥2,800	2022/02/15
3	用心棒師匠	横関智	剛胆社	¥680	2020/09/16
4	超ビギナー Linux	鈴木吉彦	衆和出版	¥1,600	2021/12/01
5	ダイコヒメフィッシュ	立山秀利	釣漢舎	¥1,300	2019/07/07
6	平成太平記	横関智	剛胆社	¥1,500	2020/10/30

条件を満たすレコード

選択クエリ

選択クエリ の条件

価格 が 1300円以下 であるレコードの すべてのフィールド

①条件の対象となるフィールド

②条件の内容

③抽出の対象となるフィールド

デザイングリッド

フィールド	価格	ID	タイトル	著者	出版社	発刊年月日
テーブル	本	本	本	本	本	本
並べ替え						
表示	☑	☑	☑	☑	☑	☑
抽出条件	<=1300					
または						

抽出

検索結果

価格	ID	タイトル	著者	出版社	発刊年月日
¥1,000	1	光速ジグ入門	立山秀利	釣漢舎	2022/05/25
¥680	3	用心棒師匠	横関智	剛胆社	2020/09/16
¥1,300	5	ダイコヒメフィッシュ	立山秀利	釣漢舎	2019/07/07
¥0	(新規)				

検索結果のフィールドの並びを変更するには

　さて、この検索結果を見ると、フィールド「価格」が一番左の列に表示されています。その右隣にフィールド「ID」が表示されています。一方、もともとテーブル「本」のデータシートビューでは、一番左の列がフィールド「ID」であり、フィールド「価格」はフィールド「出版社」の右隣に位置しています。

　検索結果のフィールドの並びをもともとのテーブル「本」と同じにするには、デザイングリッド上でのフィールドの並びを、もともとのテーブル「本」と同じに変更すればOKです。

　では、その方法を紹介します。画面5のように、デザイングリッドでフィールド「価格」と表示されている箇所の上のワクの部分にマウスポインタを合わせてください。すると、マウスポインタの形が下矢印に変わるので、そのままクリックしてください。

▼**画面5** ワクの部分をクリック

マウスポインタの形が↓に変わった

すると、画面6のように、フィールド「価格」の列がすべて黒で反転した状態になり、選択されます。

▼**画面6** フィールドが選択された状態

これで移動できるようになったよ

このままフィールド「出版社」とフィールド「発刊年月日」の境界にドラッグしていきます。ちょうど境界に達すると、境界の線が太く表示されるので、その地点でマウスの左ボタンを放してください（画面7）。

▼**画面7** 移動したい場所までドラッグ

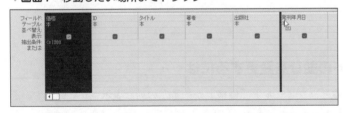

境界の線が太くなった時点でマウスの左ボタンを放してね

これでフィールド「価格」をもともとのテーブル「本」と同じフィールドの並びに変更できました（画面8）。

▼**画面8** 「価格」を移動できた

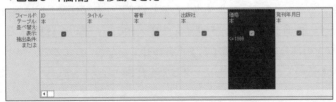

並び替え完了

では、変更した選択クエリを実行してみましょう。［デザインタブ］の［実行］をクリックしてください。すると、画面9のように、もともとのテーブル「本」と同じフィールドの並び

で、検索結果が表示されます。

▼**画面9　検索結果**

フィールドの並びがもとのテーブル「本」と同じになった

ID	タイトル	著者	出版社	価格	発刊年月日
1	光速ジグ入門	立山秀利	釣漢舎	¥1,000	2022/05/25
3	用心棒師匠	横関智	剛胆社	¥680	2020/09/16
5	ダイコヒメフィッシュ	立山秀利	釣漢舎	¥1,300	2019/07/07
*（新規）				¥0	

このようにデザイングリッド上でのフィールドの並びを設定することで、検索結果のフィールドの並びを自由に設定できます。

比較演算子と日付を組み合わせる

比較演算子は日付/時刻型フィールドでも利用できます。たとえばテーブル「本」にて、「発刊年月日が2021年1月1日以降」という条件を設定するには、デザイングリッドのフィールド「発刊年月日」の「抽出条件」に次のように指定します。

```
>=#2021/01/01#
```

日付/時刻型フィールドの場合、「〜以降」は「〜以上」ということで「>=」を用います。4-3節のP103で解説したように、日付/時刻型のフィールドなら、年月日を「/」で区切り、「#」で囲った形式で「抽出条件」に指定するのでした。なお、「抽出条件」に「>=2021/1/1」と入力しても、Enter キーを押せば自動的に「#」と「0」が付加され、「>=#2021/01/01#」と補完されます。

この条件で作成した選択クエリ、および検索結果の画面を提示しておきます。なお、先ほど設定したフィールド「価格」の「抽出条件」の「<=1300」は削除しています。検索結果の画面を見れば、発刊年月日が2021年1月1日以降のレコードが検索されていることが確認できるかと思います（画面10）。

▼**画面10　発行年月日が2021年1月1日以降の本を検索するクエリと検索結果**

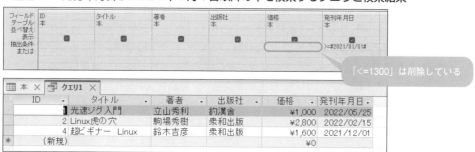

「<=1300」は削除している

それでは、本節で作成した選択クエリを「2021年1月1日以降の本」という名前で保存した後、閉じたら、次へ進んでください。

コラム

パラメータクエリ

Accessには、デザイングリッドの「抽出条件」に設定する値を、クエリ実行時に入力できる「**パラメータクエリ**」という仕組みが用意されています。クエリを実行すると、ダイアログボックスが表示され、抽出条件の値を入力できます。抽出条件を変えながら何度も検索したい場合などに便利な機能です。

パラメータクエリを利用するには、デザイングリッドの目的のフィールドの「抽出条件」に次の書式で指定します。

書式

[ダイアログボックスに表示するメッセージ]

「[]」を記述すれば、パラメータクエリとなります。そして、「[]」の間に記述した文言が、クエリ実行時のダイアログボックスに表示されるメッセージとなります。

たとえば、テーブル「本」にて、ダイアログボックスで入力した価格以下のレコードのすべてのフィールドを検索するとします。ダイアログボックスには「価格を入力」と表示するとします。この場合、デザイングリッドのフィールド「価格」の「抽出条件」に次の通り指定します（画面1）。

<=[価格を入力]

▼**画面1　パラメータクエリの指定例**

フィールド:	ID	タイトル	著者	出版社	価格	発刊年月日
テーブル:	本	本	本	本	本	本
並べ替え:						
表示:	☑	☑	☑	☑		☑
抽出条件:					<=[価格を入力]	
または:						

このクエリを実行すると、「価格を入力」というメッセージが表示されたダイアログボックスが表示されます。カーソルが点滅しているボックスに抽出条件として設定したい価格の数値を入力し、[OK]をクリックすれば、その条件で検索が始まります。たとえば数値の「1000」を入力して[OK]をクリックします（画面2）。

▼画面2 「パラメータの入力」ダイアログボックス

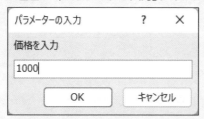

　すると、次のような検索結果が得られます。検索結果を見れば、ダイアログボックスで指定した1000円以下のレコードが検索されていることが確認できるかと思います（画面3）。

▼画面3　検索結果

ID	タイトル	著者	出版社	価格	発刊年月日
1	光速ジグ入門	立山秀利	釣漢舎	¥1,000	2022/05/25
3	用心棒師匠	横関智	剛胆社	¥680	2020/09/16
＊ (新規)				¥0	

　この例のようにパラメータクエリは比較演算子と組み合わせて利用できますが、比較演算子なしで記述すれば完全一致での検索となります。さらに、部分一致での検索でも利用できます。たとえば、「ダイアログボックスで入力した文字列を含む」とするには次の通り指定します。表示するメッセージは「文字列を入力」とします。

```
Like "*" & [文字列を入力] & "*"
```

　部分一致ということで「Like」と「*」を用います。パラメータクエリとして「[文字列を入力]」と記述し、両側を「"*"」で挟みます。その間には半角スペースと「&」と半角スペースを並べて「 & 」と記述します。「&」は文字列を連結する演算子になります。

コラム

並び替えて検索

　選択クエリでは、指定したフィールドを基準に、レコードを昇順（値が小さい順）または降順（値が大きい順）で並び替えて検索することも可能です。
　ここで念のため、昇順と降順の図解もしておきます。データが数値ならば値の大きい順／小さい順はすぐにイメージできるかと思いますが、データが文字列や日付の場合、どのようなケースが値の大きい順／小さい順となるのか、まだ理解が曖昧という方はここで再度確認しておきましょう（図）。

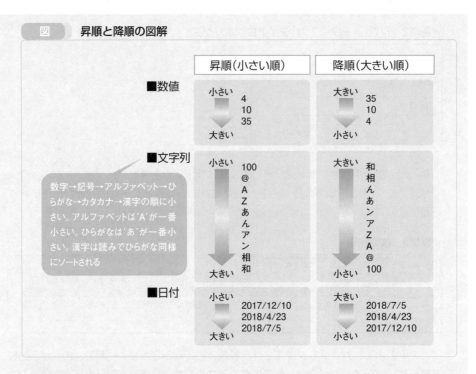

図　昇順と降順の図解

	昇順（小さい順）	降順（大きい順）

■数値

昇順（小さい順）：小さい 4 10 35 大きい

降順（大きい順）：大きい 35 10 4 小さい

■文字列

数字→記号→アルファベット→ひらがな→カタカナ→漢字の順に小さい。アルファベットは'A'が一番小さい。ひらがなは'あ'が一番小さい。漢字は読みでひらがな同様にソートされる

昇順（小さい順）：小さい 100 @ A Z あん アン 相 和 大きい

降順（大きい順）：大きい 和 相 ん あん ア Z A @ 100 小さい

■日付

昇順（小さい順）：小さい 2017/12/10 2018/4/23 2018/7/5 大きい

降順（大きい順）：大きい 2018/7/5 2018/4/23 2017/12/10 小さい

　Accessで並び替えを設定するには、デザイングリッドにて、基準にしたいフィールドの「並べ替え」のセルをクリックし、[昇順] または [降順] を選べばOKです。

　たとえば、本節で作成したお題目「価格が1300円以下であるレコードのすべてのフィールドを検索」に並び替えを追加して、「価格が1300円以下であるレコードのすべてのフィールドを検索し、価格を基準に昇順で並び替える」という選択クエリを作成するとします。基準となるフィールドは「価格」なので、デザイングリッドのフィールド「価格」の「並び替え」をクリックし、[昇順] を選びます（画面1）。

▼**画面1　価格を基準に昇順で並び替え**

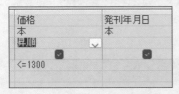

　これで完成です。[クエリデザイン] タブの [実行] をクリックすると、価格が1300円以下であるレコードのすべてのフィールドが、画面2のように価格の安い順（＝昇順）に並び替えて検索されます。

▼**画面2　検索結果**

ID	タイトル	著者	出版社	価格	発刊年月日
3	用心棒師匠	横関智	剛胆社	¥680	2020/09/16
1	光速ジグ入門	立山秀利	釣漢舎	¥1,000	2022/05/25
5	ダイコヒメフィッシュ	立山秀利	釣漢舎	¥1,300	2019/07/07
*（新規）				¥0	

4-6 複数の条件を組み合わせて検索

●「複数条件を組み合わせて検索」とは

本章でここまで学んできた選択クエリで、文字列にせよ数値にせよ、完全一致にせよ部分一致にせよ、指定する抽出条件は1つでした。Accessでは条件を1つだけでなく、複数組み合わせて検索することも可能です（図1）。

複数条件を組み合わせて検索するとは、どういうことでしょうか？　たとえばショッピングサイトでは、ユーザーは商品検索の際に「3万円以下のデジカメを探す」などといった検索をよく行っています。これは言い換えれば、「価格が3万円以下」と「商品はデジカメ」という2つの条件を組み合わせて検索していることになります。そして、両方の条件を満たした商品が検索されるのです。

このように2つ以上の条件を組み合わせる検索では、1つ1つの条件をどう指定するか、それぞれの条件をどう組み合わせるかによって、より複雑な検索が可能となります。

 **図1** 複数条件を組み合わせた検索の図解

複数の条件を組み合わせた検索では、各条件の組み合わせ方には「**And条件**」と「**Or条件**」という2つのパターンがあります。組み合わせる条件が2つある場合、And条件とOr条件の意味は次の通りです（図2）。Or条件は言い換えれば、「条件1だけ満たすか、条件2だけ満たすか、両者共に満たすなら、満たしていることになる」です。さらに逆の視点で言い換えるなら、「条件1も条件2も共に満たさないなら、満たさないことになる」です。

- And条件

  条件1も条件2も共に満たすなら、満たしていることになる。

- Or条件

  条件1か条件2の少なくともいずれかを満たすなら、満たしていることになる。

図2 And条件とOr条件の概念図

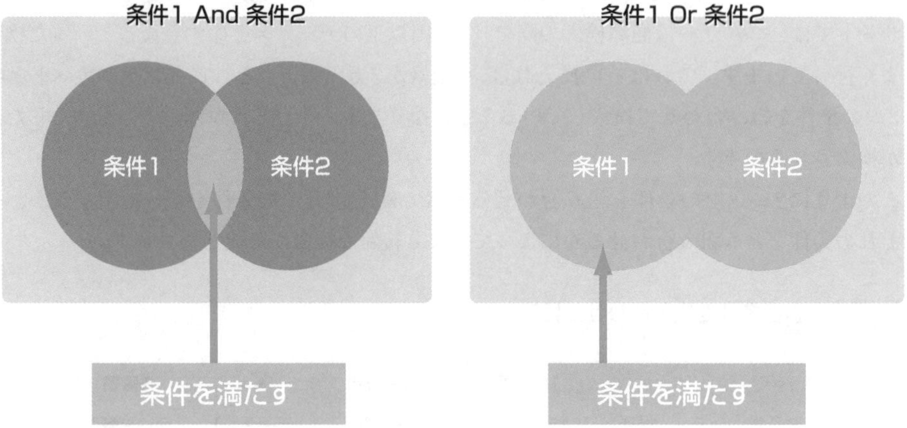

And条件で検索

　それでは、AccessでAnd条件を用いた選択クエリを作成していただきます。お題目は次の通りとします。

> 著者が「立山秀利」であり、かつ、価格が1300円より安いであるレコードのすべての
> フィールドを検索

　このお題目から、前節同様に①〜③を整理してみます。条件が2つあるので、整理のためそれぞれ（A）、（B）とします。検索するレコードは、この（A）と（B）の両者を同時に満たしているレコードになります。

　（A）著者が「立山秀利」である
　（B）価格が1300円より安い

① 条件の対象となるフィールド
　　（A）著者
　　（B）価格

② 条件の内容
　　（A）「立山秀利」という文字列
　　（B）1300円より安い

③ 抽出の対象となるフィールド
　　ID、タイトル、著者、出版社、価格、発刊年月日

　AccessでAnd条件で検索するには、デザイングリッドにて複数のフィールドの「抽出条件」を同時に設定するだけでOKです。これで、設定した複数の条件をすべて満たすレコードが検索されます。

　理屈だけだとピンとこない方も多いかと思いますので、実際に選択クエリを作成してみましょう。前節同様に［作成］タブの［クエリデザイン］をクリックしてデザインビューを開き、テーブル「本」を指定してください。

　そして、①条件の対象となるフィールドとして、（A）の対象となるフィールド「著者」と、（B）の対象となるフィールド「価格」をそれぞれデザイングリッドにドラッグ＆ドロップしてください（画面1）。

▼画面1　①条件の対象となるフィールドを追加

フィールド:	著者	価格	⌄
テーブル:	本	本	
並べ替え:			
表示:	☑	☑	
抽出条件:			
または:			

「著者」と「価格」が
条件の対象になるよ

　次に②条件の内容として、デザイングリッドの「抽出条件」に設定します。（A）の条件の内容は「立山秀利」という文字列なので、「"立山秀利"」と指定します。（B）の条件の内容は「1300円より安い」なので、「〜より小さい」という比較演算子「<」を用いて、「<1300」と指定することになります（画面2）。

▼画面2 ②条件の内容を指定

「著者」には「立山秀利」という
文字列、「価格」には「<1300」
という式を指定してね

　続けて、③抽出の対象となるフィールドを設定します。今回はすべてのフィールドが抽出対象となるのでした。「著者」と「価格」はすでに指定してあるので、残りのフィールドをデザイングリッドへドラッグ＆ドロップしてください。今回はすべてのフィールドが抽出対象になるので、すべてのフィールドの「表示」のチェックは入ったままにします（画面3）。

▼画面3 ③抽出の対象となるフィールドを指定

すべてのフィールド「表示」
にチェックを入れてね

　このまま検索を実行してもよいのですが、見た目を整えるため、検索結果のフィールドの並びをテーブル「本」と同じにしておきましょう。前節で解説した方法にしたがって、フィールドをドラッグ＆ドロップして並び替えてください（画面4）。

▼画面4 フィールドを並べ替え

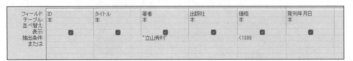

フィールドの並びをテーブル「本」と同じにしよう

　以上で作成完了です。［デザインタブ］の［実行］をクリックして選択クエリを実行してみましょう。すると、次のような検索結果が得られるはずです（画面5）。

▼画面5 検索結果

筆者が「立山秀利」で1300円
より安い本が検索された

テーブル「本」のデータの中で、条件（A）のフィールド「著者」のデータが「立山秀利」であるレコードは、タイトルが「光速ジグ入門」のレコードと、「ダイコヒメフィッシュ」のレコードの2件です。一方、条件（B）のフィールド「価格」のデータが1300円より安いレコードは、1000円であるタイトル「光速ジグ入門」のレコードと、680円であるタイトル「用心棒師匠」のレコードの2件です。したがって、条件（A）と条件（B）の両者をともに満たすレコードは、タイトル「光速ジグ入門」のレコードであり、そのレコードのすべてのフィールドが検索されたのです（図3）。

図3 お題目の図解

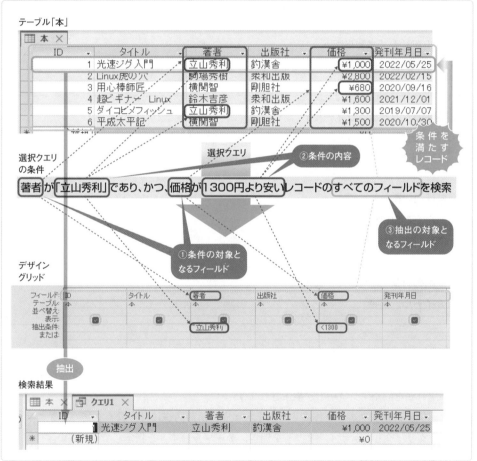

それでは、作成した選択クエリを「1300円より安い立山秀利の本」という名前で保存した後、閉じたら、次へ進んでください。

クエリでデータを検索

●Or条件で検索

次にOr条件を用いた選択クエリを作成していただきます。お題目は次の通りとします。

> **出版社が「衆和出版」または「剛胆社」であるレコードのタイトルと著者を検索**

このお題目から、前節同様に①～③を整理してみます。条件が2つあるので、整理のためそれぞれ（A）、（B）とします。検索するレコードは、この（A）と（B）のいずれかを満たしているレコードになります。

（A）出版社が「衆和出版」
（B）出版社が「剛胆社」

---

① 条件の対象となるフィールド
　（A）出版社
　（B）出版社

② 条件の内容
　（A）「衆和出版」という文字列
　（B）「剛胆社」という文字列

③ 抽出の対象となるフィールド
　タイトル、著者

AccessでOr条件で検索するには、デザイングリッドにて対象となるフィールドの「抽出条件」に、各条件を「Or」でつないで並べて指定すればOKです。これで、設定した複数の条件のいずれかを満たすレコードが検索されます。

では、実際に選択クエリを作成してみましょう。前節同様に［作成］タブの［クエリデザイン］をクリックしてデザインビューを開き、テーブル「本」を指定してください。

そして、①条件の対象となるフィールドとして、（A）の対象となるフィールド「出版社」をドラッグ＆ドロップしてください。（B）も同じフィールド「出版社」が対象となるので、これ以上ドラッグ＆ドロップする必要はありません（画面6）。

▼**画面6**　①条件の対象となるフィールドを追加

2つの条件は共にフィールド「出版社」が対象になるよ

4

　次に②条件の内容として、デザイングリッドの「抽出条件」に設定します。（A）の条件の内容は「衆和出版」という文字列であり、（B）の条件の内容は「剛胆社」という文字列なので、「Or」で結んで「"衆和出版" Or "剛胆社"」と指定することになります（画面7）。「Or」の両側には半角スペースを入れます。

　なお、指定した条件がセル内に収まり切れず一部隠れてしまったら、セルの境界をドラッグして幅を広げれば全部見えるようになります。また、「or」とすべて小文字で入力しても、[Enter]キーやクリックなどで他のセルに移動すると、自動で「Or」に変換されます。「Or」の両側の半角スペースを入れ忘れても、他のセルに移動すると、自動で挿入されます。

▼**画面7**　②条件の内容を指定

2つの文字列を「Or」でつないでね

　続けて、③抽出の対象となるフィールドを設定します。フィールド「タイトル」と「著者」をデザイングリッドへドラッグ＆ドロップしてください。今回は①条件の対象となるフィールドとなるフィールド「出版社」は抽出の対象に含まれないので、「表示」のチェックは外してください（画面8）。

▼**画面8**　③抽出の対象となるフィールドを指定

「タイトル」と「著者」を追加してね

　以上で作成完了です。［デザインタブ］の［実行］をクリックして選択クエリを実行してみましょう。すると、次のような検索結果が得られるはずです（画面9）。

クエリでデータを検索

▼**画面9　検索結果**

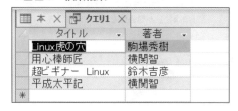

出版社が「衆和出版」または「剛胆社」のレコードはこの4つ

　テーブル「本」のデータの中で、条件（A）のフィールド「出版社」のデータが「衆和出版」であるレコードは、タイトルが「Linux虎の穴」のレコードと、「超ビギナーLinux」のレコードの2件です。一方、条件（B）のフィールド「出版社」のデータが「剛胆社」であるレコードは、タイトルが「用心棒師匠」のレコードと、「平成太平記」のレコードの2件です。したがって、条件（A）と条件（B）のいずれかを満たすレコードとして、これら合計4件のレコードのタイトルと著者が検索されたのです（図4）。

図4　**お題目の図解**

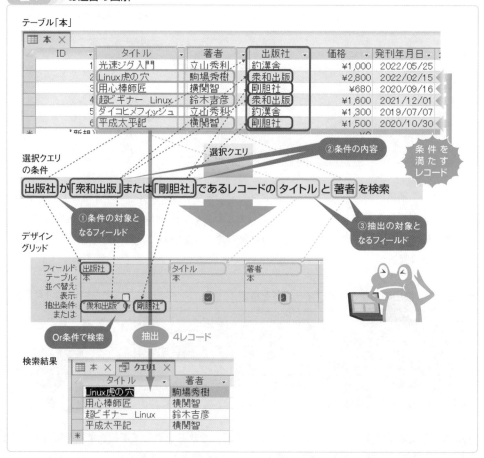

　それでは、作成した選択クエリを「衆和出版と剛胆社のタイトルと著者」という名前で保存した後、閉じたら、次へ進んでください。

コラム

「ズーム」機能を有効活用しよう

・・

　デザイングリッドの「抽出条件」には複雑な条件を指定しようとすると、どうしても記述が長くなります。すると、入力しづらくなったり、セル内に表示しきれなく確認しづらくなったり何かと不便です。

　Accessにはそのような不便を解消するために、「ズーム」機能が用意されています。「抽出条件」の中身を「ズーム」ダイアログボックスに別途拡大して表示し、そこで記述も行えます。

　ズーム機能を利用するには、デザイングリッドの目的の「抽出条件」セルを右クリックし、[ズーム]をクリックします（画面1）。

▼画面1　右クリックして[ズーム]をクリック

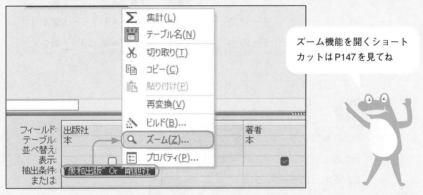

ズーム機能を開くショートカットはP147を見てね

　すると、「ズーム」ダイアログボックスが表示されます。標準ではフォントサイズが小さい（1ポイント）ので（本書執筆時点）、[フォント]から大きく設定しましょう。画面2は14ポイントに設定した状態です。次節以降も同様とします。

▼画面2　「ズーム」ダイアログボックス

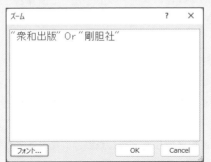

これで入力や確認がやりやすくなった!!

　このボックス内で抽出条件の値や式などを編集して[OK]をクリックすれば、「抽出条件」セルに反映されます。抽出条件の新規入力や確認、変更などに適宜利用しましょう。

●「演算フィールド」とは

　選択クエリでは、フィールドに格納されたデータを検索する際、検索する際にそのデータ
に対して、何らかの演算を施すことができます。たとえば、あるフィールドに「10」という
数値が登録されているとすると、検索の際に別の値を足したり引いたりなどの計算を行い、
その計算値を検索の結果として得ることができます（図1）。

図1　数値を計算して検索

　Accessでは、そのような演算結果を表示するためのフィールドとして、「**演算フィールド**」
という仕組みが用意されています。テーブルにある既存のフィールドを使って演算した結果
を、演算フィールドという別のフィールドを用意して、そこに表示するのです。

　演算フィールドをデザイングリッド上で設定するには、今まで学んできたフィールドを設
定する方法とは少々異なる作業が必要となります。通常のフィールドでは、ワークスペース
上のテーブルのウィンドウから、必要なフィールドをドラッグ＆ドロップしていました。演
算フィールドでは、デザイングリッドの「フィールド」の行に、演算の式を直接記述するこ
とで設定します。そのように記述すれば、その選択クエリを実行した際、直接記述した選択
フィールドの計算結果が検索結果として表示されます（図2）。

図2 通常のフィールドと演算フィールドの設定方法の違い

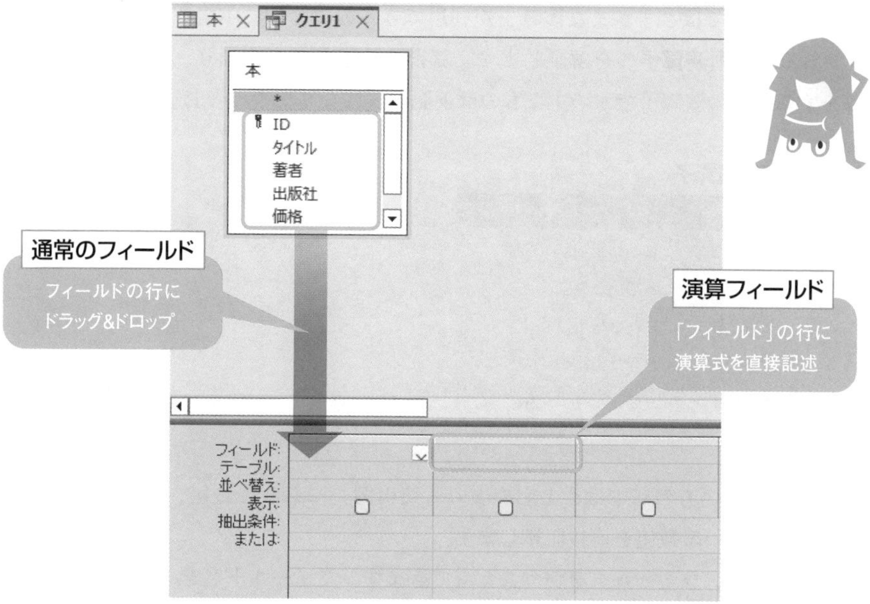

デザイングリッドにて、演算フィールドの中で既存のフィールドを演算に使うには、次の書式で記述します。

書 式

[フィールド名]

フィールド名を「[]」をくくることで、そのフィールドに格納されたデータを演算フィールドの中で演算に使えます。

また、演算フィールドを設定した選択クエリを実行すると、検索結果に表示される演算クエリの列名はデフォルトの名前として「式1」となります。そして、「式1」ではなく、検索結果に表示されるフィールド名を指定することができます。書式は次の通りです。

書 式

演算フィールド名：

デザイングリッドの「フィールド」の行に、表示したい演算フィールド名に続けて「:」(半角のコロン) を記述します。その後ろに、演算の式を記述します。

「算術演算子」とは

演算フィールドではさまざまな演算子が利用できるのですが、本書では例として、演算子の1つである「**算術演算子**」を解説します。算術演算子とは文字通り、足し算や割り算などの計算をするための演算子です。主なものは下記の表になります（表1）。

▼**表1　主な算術演算子**

演算子	使用例	意味
+	a + b	aとbを足す
-	a - b	aからbを引く
*	a * b	aとbを掛ける
/	a / b	aをbで割る
Mod	a Mod b	aをbで割った余り

算術演算子の使い方の基本は、上記の表の「使用例」にあるとおり、算術演算子の左辺と右辺に、計算に用いる数値を直接記述します。

数値のみならず、フィールドを使うこともできます。フィールド名を「[]」で囲んで記述すると、そのフィールドに格納されているデータが計算に用いられます。たとえばフィールド「価格」の値に2を掛けたいなら、次のように記述します。

```
[価格]*2
```

掛け算に用いる演算子は「*」です。フィールド「価格」の値は「[価格]」と記述します。従って上記のように記述すればフィールド「価格」の値に2を掛けられます。

算術演算子は複数を組み合わせて利用することも可能です。その際、一般的な計算では掛け算と割り算は足し算と引き算より優先されるのと同様に、算術演算子でも掛け算の「*」と割り算の「/」は足し算の「+」と引き算の「-」よりも優先されます。

もし、計算の中で足し算や引き算を優先したい場合は「()」でくくりましょう。これも一般的な計算と同じルールになります。たとえば、フィールド「価格」の値に1000を足した後に2で割りたいなら、次のように記述します（図3）。

```
([価格]+1000)/2
```

図3 演算の優先度

掛け算・割り算が足し算引き算より優先される	カッコでくくった部分が優先される

```
*  /        +  -
```

先に計算

```
([価格]+1000)/2
```

[価格]+1000が
先に計算される

その結果を2で割る

選択クエリ作成の基本を再度整理

　演算フィールドの記述方法、算術演算子を学んだところで、さっそくテーブル「本」で演算フィールドを使った選択クエリを作成・実行したいところですが、演算フィールドという今まで学んできた作成方法とは少々異なる仕組みが登場したので、ここで選択クエリ作成の基本を再度整理しましょう。

　これまでは選択クエリを作成するには、①条件の対象となるフィールド、②条件の内容、③抽出の対象となるフィールドを決めればよいのでした。今までは①と③は対象となるテーブルから選べばよかったのですが、演算フィールドは新しく作り出さなければいけません。そのため、③の作業の後に④として、演算フィールドを決める作業が必要となります。その際、対象となるテーブルから、演算に必要なフィールドも決めておきましょう。

　この④を追加して選択クエリ作成の基本を整理すると、次のようになります。

---

① 条件の対象となるフィールド

② 条件の内容

③ 抽出の対象となるフィールド

③ 演算フィールド
　（演算に必要なフィールド）

　では、この流れに沿って、テーブル「本」で演算フィールドを用いた選択クエリの作成を体験してみましょう。

テーブル「本」で実践してみよう

本書では、演算フィールドを使った選択クエリを解説します。お題目は次の通りとします。

> 著者が「立山秀利」のレコードのタイトルと税込価格を検索する

税込価格は消費税率である10%を足した価格とします。このお題目から、先ほど解説した①〜④を整理してみます。

---

① 条件の対象となるフィールド
　著者

② 条件の内容
　「立山秀利」という文字列

③ 抽出の対象となるフィールド
　タイトル

③ 演算フィールド
　税込価格（演算に必要なフィールド：価格）

テーブル「本」にはもともとフィールド「価格」がありますが、3章P43で最初に定義したように税抜価格になります。税込価格のデータを格納するフィールドはありません。そこで、演算フィールドとして「税込価格」を用意します。「税込価格」はフィールド「価格」に1.1を掛ければ算出できます。

では、[作成]タブの[クエリデザイン]をクリックしてデザインビューを開き、テーブル「本」を指定してください。そして、①条件の対象となるフィールドとして、フィールド「著者」をデザイングリッドにドラッグ&ドロップしてください。次に②条件の内容として、デザイングリッドの「抽出条件」に「立山秀利」という文字列を指定します。続けて、③抽出の対象となるフィールドとして、フィールド「タイトル」を追加します。「表示」のチェックですが、「著者」は抽出しないのでチェックを外します（画面1）。

▼**画面1　検索条件と抽出するフィールドを指定**

フィールド:	著者	タイトル	
テーブル:	本	本	
並べ替え:			
表示	☐	☑	☐
抽出条件:	"立山秀利"		
または:			

①〜③をまとめて指定したよ

　最後に④演算フィールドを指定します。演算フィールドはデザイングリッドのフィールド「タイトル」の右隣の列に指定します。演算フィールドの書式に従い、まずは演算フィールドの表示名と「:」を記述してください（画面2）。

```
税込価格：
```

▼**画面2　演算フィールドに演算フィールドの表示名を指定**

フィールド:	著者	タイトル	税込価格: ⌄
テーブル:	本	本	
並べ替え:			
表示	☐	☑	☐
抽出条件:	"立山秀利"		
または:			

「:」を忘れないでね

　では、演算フィールドに表示する値として、「:」の後に税込価格を計算する式を記述します。税込価格はフィールド「価格」の値に、消費税率として1.1を掛ければ算出できるのでした。演算に用いるフィールドは「[フィールド名]」という書式で指定するのでした。1.1を掛けるには、掛け算をする算術演算子「*」を使い、「*1.1」と記述します。以上を踏まえると、フィールド「価格」から税込価格を求める式は次のように記述することになります。

```
[価格]*1.1
```

　この税込価格を求める式を、デザイングリッドに先ほど記述しておいた「税込価格:」に続けて入力します。入力や確認がしやすくなるよう、セルの幅を広げるとよいでしょう。もしくは、ズーム機能を利用しても構いません。なお、算術演算子「*」の両側に半角スペースを入れても、他のセルに移動すると、自動で削除されます。あわせて、演算フィールドを検索結果に表示するため、「表示」にチェックを入れてください（画面3）。

```
税込価格:[価格]*1.1
```

▼**画面3　演算フィールドの完成形**

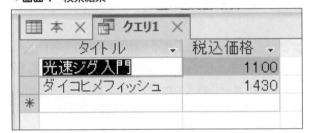

ズーム機能を使うといいよ

　以上で作成完了です。[デザインタブ]の[実行]をクリックして選択クエリを実行してみましょう。すると、次のような検索結果が得られるはずです（画面4）。

▼**画面4　検索結果**

税込価格が検索できた!!

　テーブル「本」のデータの中で、フィールド「著者」のデータが「立山秀利」であるレコードは、タイトル「光速ジグ入門」のレコードと、タイトル「ダイコヒメフィッシュ」のレコードの2件です。フィールド「価格」のデータは前者が「¥1,000」、後者が「¥1300」であり、1.1を掛けた価格として、画面のような検索結果が得られるのです（図4）。

図4 お題目の図解

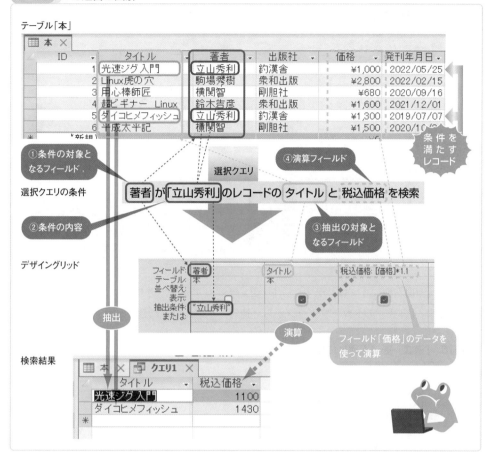

テーブル「本」

ID	タイトル	著者	出版社	価格	発刊年月日
1	光速ジグ入門	立山秀利	釣漢舎	¥1,000	2022/05/25
2	Linux虎の穴	駒場舜樹	衆和出版	¥2,800	2022/02/15
3	用心棒師匠	横関智	剛胆社	¥680	2020/09/16
4	超ビギナー Linux	鈴木吉彦	衆和出版	¥1,600	2021/12/01
5	ダイコヒメフィッシュ	立山秀利	釣漢舎	¥1,300	2019/07/07
6	平成太平記	横関智	剛胆社	¥1,500	2020/10/?

条件を満たすレコード

①条件の対象となるフィールド

④演算フィールド

選択クエリ

選択クエリの条件

②条件の内容

著者 が「**立山秀利**」のレコードの **タイトル** と **税込価格** を検索

③抽出の対象となるフィールド

デザイニンググリッド

フィールド:	著者	タイトル	税込価格: [価格]*1.1
テーブル:	本	本	
並べ替え:			
表示:		☑	☑
抽出条件:	"立山秀利"		
または:			

抽出

演算

フィールド「価格」のデータを使って演算

検索結果

タイトル	税込価格
光速ジグ入門	1100
ダイコヒメフィッシュ	1430

本 × クエリ1 ×

プロパティシートで検索結果の書式を設定

　さて、画面4の検索結果を見て、「あれっ、演算フィールド『税込価格』に表示されている税込価格が通貨の書式になっていないぞ」と気づいた方も多いかと思います。これまではフィールド「価格」を抽出の対象となるフィールドに指定して選択クエリを実行した場合、フィールド「価格」は通貨型フィールドなので、通貨の書式がそのまま引き継がれました。一方、演算フィールドでは演算に用いるフィールドの書式は引き継がれないようになっています。

　とはいえ、演算フィールドの検索結果の書式を設定する機能はちゃんと用意されているのでご安心を。その機能とは「**プロパティシート**」です。さっそく使ってみましょう。演算フィールドを選択し、［クエリデザイン］タブの［プロパティシート］をクリックしてください（画面5）。

▼**画面5** [プロパティシート]をクリック

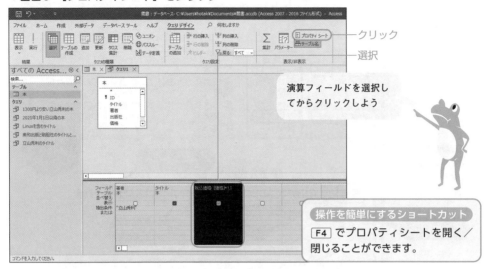

> 演算フィールドを選択し
> てからクリックしよう

> **操作を簡単にするショートカット**
> F4 でプロパティシートを開く／
> 閉じることができます。

　すると、画面右側に「プロパティシート」というエリアが表示されます。これがプロパティ
シートです。「書式」のドロップダウンから[通貨]を選んでください（画面6）。

▼**画面6** 「書式」を[通貨]に設定

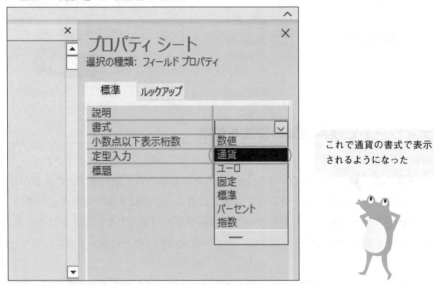

> これで通貨の書式で表示
> されるようになった

　これで設定は完了です。[デザインタブ]の[実行]をクリックして選択クエリを実行すると、
今度は税込価格がちゃんと通貨の書式で表示されます（画面7）。

▼画面7　税込価格が通貨の書式で表示される

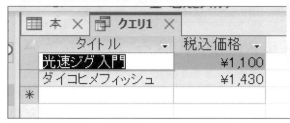

アタマに¥マークが
付いて、3桁ごとに
カンマで区切られる
ようになったね

タイトル	税込価格
光速ジグ入門	¥1,100
ダイコヒメフィッシュ	¥1,430

　なお、このプロパティシートは演算フィールドのみならず、通常のフィールドでも利用できます。また、書式以外にも多彩な設定が可能です。検索結果が自分の表示したい形式になるよう、プロパティシートを適宜設定しましょう。

　それでは、本節で作成した選択クエリを「立山秀利のタイトルと税込価格」という名前で保存した後、閉じたら、次へ進んでください。

コラム

その他の演算子

　Accessでは比較演算子や算術演算子以外にも、さまざまな演算子が利用できます。代表的なものを簡単に紹介しておきます。

● Not 演算子
　「～でない」という意味。たとえば、「著者が『立山秀利』でない」という条件なら、「Not "立山秀利"」と記述します。

● Is Null 演算子
　データが何も入力されていない空白のフィールドを抽出できます。逆に何かしらのデータが入力されているフィールドは「Is Not Null」演算子で抽出できます。注意していただきたいのは、数値の0や長さ0の文字列は空白とは見なされないということです。長さ0の文字列は「""」とだけ指定されている文字列になります。スペースも同様です。ちなみに空白の状態のことを「Null」と呼びます。

● Between And 演算子
　「～以上～以下」という範囲を指定できる演算子です。たとえば、「1000以上2000以下」と指定するなら、「Between 1000 And 2000」と記述します。なお、「1000より大きく2000より小さい」と指定するには、And演算子を用いて「>1000 And <2000」と記述します。

　他にもさまざまな演算子が用意されています。これらの演算子はデザイングリッドの「抽出条件」の行の記述に用いたり、演算フィールドの記述に用いたりなど、幅広い箇所で利用できます。

クエリでデータを検索

4

コラム

テーブルの「集計フィールド」も活用しよう

　本節で学んだように、演算フィールドを使うと、既存のフィールドを使って演算した結果を選択クエリの結果に表示できます。しかし、たとえば商品の単価と数量を掛け合わせた金額など、毎回わざわざ選択クエリを使わなくとも、演算結果を常にテーブルに表示しておきたいケースもあります。

　その場合、「**集計フィールド**」機能を利用するとよいでしょう。既存のフィールドを使って演算した結果を表示するフィールドになります。

　集計フィールドを設けるには、目的のテーブルをデータシートビューで表示した状態で、[クリックして追加] ➡ [集計フィールド] をポイントし、設けたい集計フィールドのデータ型をクリックします（画面1）。

▼**画面1　集計フィールドのデータ型をクリック**

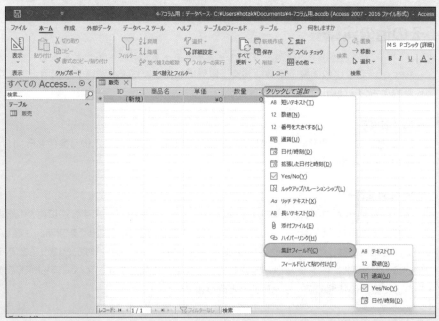

　すると、「式ビルダー」ダイアログボックスが表示されます（画面2）。このボックスに、集計するための式を入力します。集計に用いる既存のフィールドは、本節で学んだ演算フィールドと同様に、フィールド名を「[」と「]」で囲んで記述します。集計の計算も同様に、算術演算子を使えます。

　たとえば、通貨型フィールド「単価」と数値型フィールド「数量」を掛けた値を集計値とするなら、「[単価] * [数量]」という式を入力します。

▼**画面2　「式ビルダー」ダイアログボックスが表示される**

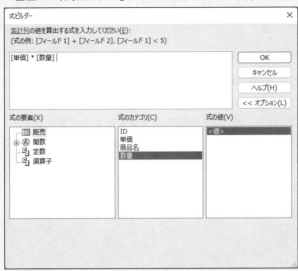

[OK]をクリックすると、「式ビルダー」ダイアログボックスが閉じます（画面3）。あとは集計フィールドの名前をはじめ、各種設定を行えば完了です。この例ではフィールド名を「金額」と設定しています。

▼**画面3　フィールド名などを設定**

これで、集計に用いる既存のフィールド「単価」と「数量」にデータを入力すると、集計フィールド「金額」に両者を掛けた金額が自動で表示されます（画面4）。

▼**画面4　金額が自動で表示される**

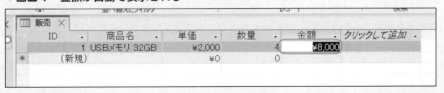

4-8　関数を利用した検索

関数とは

　Accessでは「**関数**」という仕組みが利用できます。関数とは、あるまとまった処理を行い、その結果を返す"道具"のようなものです。Access には、複数種類の関数が用意されています。

　関数の中には、処理のための"材料"となる値を渡す必要があるものがあります。そのような"材料"のことを「**引数**」（ひきすう）と呼びます。引数は関数の種類によって1つだけ渡せばよいのか、複数渡せばよいのかが変わってきます。そして、関数の実行結果の値は「**戻り値**」として得られます（図1）。

　関数の概念図

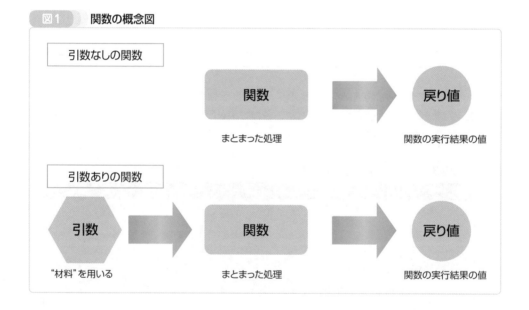

　関数を利用するには、下記の書式で記述します。

書 式

関数名（引数）

　関数名を記述し、その後に引数をカッコでくくって記述します。引数が複数ある場合は、「引数1,引数2,……」と各引数を「,」（カンマ）で区切って並べていきます。引数には数値や文字列を直接指定することもあれば、フィールド名を「[フィールド名]」と指定することもあります。

　このような書式で記述すると、関数が記述された部分に、その関数の実行結果として戻り値が得られます（図2）。

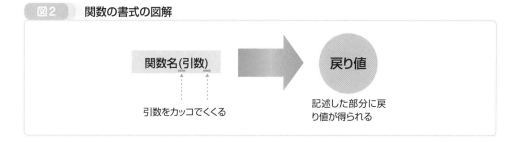

図2 関数の書式の図解

関数名(引数) ➡ 戻り値

引数をカッコでくくる

記述した部分に戻り値が得られる

関数の種類

Accessにはさまざまな種類の関数が用意されています。たとえば、合計を求める「Sum」、文字列を置き換える「Replace」、日付から年だけを取得する「Year」などです。他にも数多くの関数が用意されています。

本節では、関数を選択クエリの演算フィールドに利用する方法を解説します。関数はクエリのみならず、テーブルのフィールドプロパティの「規定値」、6章で学ぶ「フォーム」や7章で学ぶ「レポート」など、幅広い箇所で利用できます。

テーブル「本」で実践してみよう

本書では、関数の利用例として、日付から年だけを取得するYear関数を使った選択クエリを解説します。お題目は次の通りとします。

> 著者が「立山秀利」のレコードのタイトルと発刊された年を検索する

このお題目から、前節同様に①〜④を整理してみます。

① **条件の対象となるフィールド**
  著者

② **条件の内容**
  「立山秀利」という文字列

③ **抽出の対象となるフィールド**
  タイトル

④ **演算フィールド**
  発刊年（演算に必要なフィールド：発刊年月日）

クエリでデータを検索

テーブル「本」にはもともとフィールド「発刊年月日」がありますが、発刊された年だけのデータを格納するフィールドはありません。そこで、演算フィールドとして「発刊年」を用意します。「発刊年」はYear関数を使い、フィールド「発刊年月日」から年の値だけを取り出します。

では、前節同様に［作成］タブの［クエリデザイン］をクリックしてデザインビューを開き、テーブル「本」を指定してください。そして、①条件の対象となるフィールドとして、フィールド「著者」をデザイングリッドにドラッグ＆ドロップしてください。次に②条件の内容として、デザイングリッドの「抽出条件」に「立山秀利」という文字列を指定します。続けて、③抽出の対象となるフィールドとして、フィールド「タイトル」を追加します。「表示」のチェックですが、「著者」は抽出しないのでチェックを外します（画面1）。

▼**画面1　検索条件と抽出するフィールドを指定**

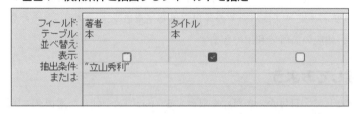

最後に④演算フィールドを指定します。演算フィールドはデザイングリッドのフィールド「タイトル」の右隣の列に指定します。演算フィールドの書式に従い、まずは演算フィールドの表示名と「:」を記述してください（画面2）。

発刊年：

▼**画面2　演算フィールド名を指定**

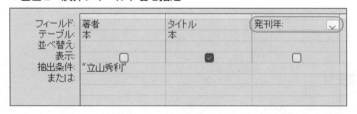

では、演算フィールドに表示する値として、「:」の後に、Year関数を使ってフィールド「発刊年月日」から年だけを取り出すよう記述します。Year関数は引数に日付／時刻型のデータを指定すると、そのデータから年だけを取り出し、数値として返します。したがって、引数にフィールド「発刊年月日」を指定すれば、発刊された年だけを取り出すことができます（図3）。

図3　Year関数の図解

Year(年月日)
日付を指定

年
日付の年を数値と
して取り出す

　演算フィールドでは、フィールドは「［フィールド名］」という書式で指定するのでした。よって、Year関数の部分は次のように記述することになります。

```
Year([発刊年月日])
```

　このYear関数の記述を、デザイングリッドに先ほど記述しておいた「発刊年:」に続けて入力します。入力や確認がしやすくなるよう、セルの幅を広げるとよいでしょう。もしくは、ズーム機能を利用しても構いません。あわせて、演算フィールドを検索結果に表示するため、「表示」にチェックを入れてください（画面3）。

```
発刊年:Year([発刊年月日])
```

▼画面3　演算フィールドを指定

これで完成ね

　以上で作成完了です。［デザインタブ］の［実行］をクリックして選択クエリを実行してみましょう。すると、次のような検索結果が得られるはずです（画面4）。

▼画面4　検索結果

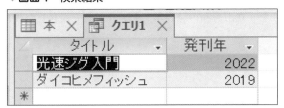

「発刊年月日」から年
だけが取り出された

クエリでデータを検索

テーブル「本」のデータの中で、フィールド「著者」のデータが「立山秀利」であるレコードは、タイトル「光速ジグ入門」のレコードと、タイトル「ダイコヒメフィッシュ」のレコードの2件です。フィールド「発刊年月日」のデータは前者が「2022/05/25」、後者が「2019/07/07」です。したがって、Year関数によって前者は「2022」、後者は「2019」と年だけが取り出されます。そして、抽出の対象となるフィールドはフィールド「タイトル」と演算フィールド「発刊年」なので、画面のような検索結果が得られるのです（図4）。

図4　お題目の図解

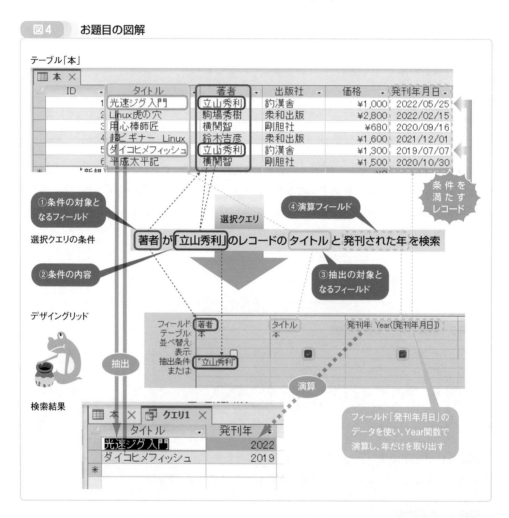

それでは、本節で作成した選択クエリを「立山秀利の発刊年」という名前で保存した後、閉じたら、次へ進んでください。

4-9　条件に応じて検索結果の表示内容を変える

IIf関数で条件の成立／不成立に応じて表示

関数のひとつである「IIf」関数（大文字の「I」が2つに小文字の「f」）を利用すると、選択クエリに設けた演算フィールドにおいて、指定した条件に応じて表示する内容を変更できます。まずはIIf関数の基本的な使い方から解説します。書式は次の通りです。

```
IIf(条件式, 成立時の値, 不成立時の値)
```

第1引数「条件式」には、条件となる式を指定します。条件式は通常、フィールドと比較演算子を中心に、算術演算子や数値、文字列、日付／時刻などを組み合わせて記述します。フィールドを指定する際はこれまで学んだように、フィールド名を「[」と「]」で囲んで記述します。

第1引数「条件式」に指定した条件式が成立するなら、第2引数「成立時の値」に指定した値が表示されます。条件式が成立しないなら、第3引数「不成立時の値」に指定した値が表示されます。

たとえば、テーブルに数値型フィールド「数量」が設けられているとして、その値が100以上なら「割引」と表示し、そうでなければ何も表示しないなら、IIf関数を次のように記述することになります（図1）。

```
IIf([数量]>=100,"割引","")
```

図1　IIf関数の例の仕組み

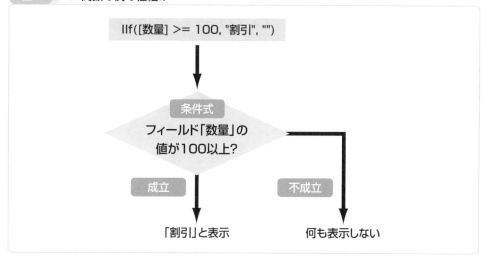

以上がIIf関数の使い方の基本です。ExcelのIF関数を使った経験があるなら、ほぼ同じ使い方と捉えてOKです。大きな違いは、Excelならセル番地を指定するところを、Accessではフィールドを指定する点だけです。

テーブル「本」で実践してみよう

それでは、テーブル「本」を用いて、IIf関数によって条件に応じて検索結果の表示内容を変える選択クエリを体験してみましょう。

今回は4-6節で作成した選択クエリ「衆和出版と剛胆社のタイトルと著者」を流用し、IIf関数を用いた演算フィールドを追加するとします。演算フィールドの名前は「新刊」とします。その演算フィールド「新刊」に、発刊年月日が2022年1月1日以降なら、「New」と表示し、そうでなければ何も表示しないとします。

それでは、IIf関数をどのように記述すればよいか考えてみましょう。まずは条件式から考えます。今回の条件は「発刊年月日が2022年1月1日以降かどうか」になります。発刊年月日のデータはフィールド「発刊年月日」に格納されているため、「[発刊年月日]」と記述すれば取得できます。「～以降」かどうかを判定するには比較演算子の「>=」を使います。2022年1月1日は「#2022/01/01#」と記述すればよいので、条件式は「[発刊年月日]>=#2022/01/01#」と記述すればよいことがわかります。

この条件式が成立するなら「New」と表示したいので、IIf関数の第2引数には「"New"」と指定します。成立しないなら何も表示しないので、第2引数には空の文字列として、「"」だけを2つ並べて「""」と指定します。以上を踏まえると、IIf関数は次のように記述すればよいことになります。

```
IIf([発刊年月日]>=#2022/01/01#,"New","")
```

IIf関数をどのように記述すればよいかわかったところで、さっそく選択クエリ「衆和出版と剛胆社のタイトルと著者」に演算フィールド「新刊」を追加しましょう。

最初に選択クエリ「衆和出版と剛胆社のタイトルと著者」を右クリック→[デザインビュー]をクリックするなどしてデザインビューで開き、演算フィールドの書式に従い、まずは演算フィールドの表示名「新刊」と「:」を記述してください（画面1）。

▼画面1 「新刊」と「:」を記述

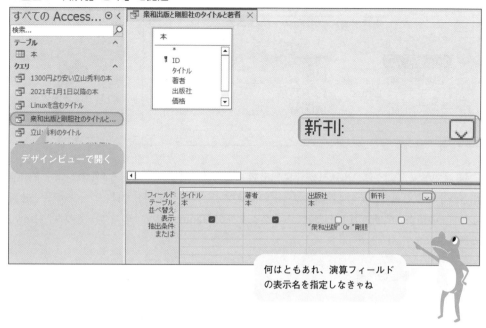

何はともあれ、演算フィールド
の表示名を指定しなきゃね

次に、演算フィールド「新刊」に表示する値として、「:」の後に先ほど考えたIIf関数を記述します。式が長いので、ズーム機能を使うとよいでしょう（画面2）。「ズーム」ダイアログボックスは枠の部分をドラッグすれば、サイズを大きくできます。

▼画面2 演算フィールドの表示名に続けてIIf関数を入力

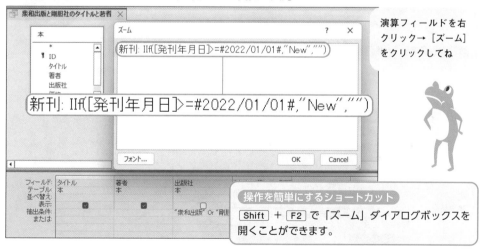

演算フィールドを右
クリック→［ズーム］
をクリックしてね

操作を簡単にするショートカット
Shift + F2 で「ズーム」ダイアログボックスを
開くことができます。

以上で作成完了です。［デザインタブ］の［実行］をクリックして選択クエリを実行してみましょう。すると、次のような検索結果が得られるはずです（画面3）。

▼**画面3　条件を満たすレコードのみ「New」と表示**

おっ、演算フィールド「新刊」にIIf関数の結果が表示されたぞ

4-6節で学んだように、出版社が「衆和出版」または「剛胆社」である4件のレコードが抽出されます。そして、その4件のレコードの演算フィールド「新刊」では、フィールド「発刊年月日」の値が2022年1月1日以降であるタイトルが「Linux虎の穴」のレコードのみ、「New」と表示されます（図2）。

図2　お題目の図解

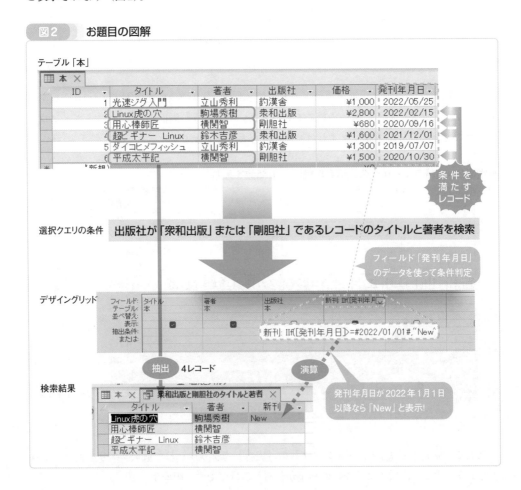

　IIf関数は他にもさまざまな用途と利用できるので、おぼえておくとよいでしょう。それでは、選択クエリ「衆和出版と剛胆社のタイトルと著者」を上書き保存し、閉じたら、次へ進んでください。

その他の関数

　Accessの関数は選択クエリの演算フィールドのみならず、抽出条件などでも使えます。さらには、アクションクエリやフォーム（6章参照）やレポート（7章参照）などにも利用できます。そして、本章で紹介した以外にも、多彩な関数が用意されています（表）。

▼表　代表的な関数

関数名	機能
Count	レコードの件数を求める
Average	平均値を求める
Max	最大値を求める
Int	数値の整数部を取り出す
Month	日付から月を求める
DateAdd	指定した日付から指定した時間を加算した日付を求める
Left	文字列の先頭から指定した字数を取り出す
StrConv	指定した形式で文字列を変換する。全角から半角に変換など
Format	文字列を指定した書式に変換する

　上記の表の他にも、財務分析をはじめ、さまざまなカテゴリの関数が用意されています。どのようなカテゴリにどのような関数が用意されているのかは、「式ビルダー」ダイアログボックスを利用するとよいでしょう。

　「式ビルダー」を開くには、［クエリデザイン］タブなどの［ビルダー］ボタンをクリックします（画面）。まずは「式の要素」欄にて、［関数］→［組み込み関数］をクリックします。すると、「式のカテゴリ」欄に関数のカテゴリが一覧表示され、そこで選択したカテゴリの関数が「式の値」欄に一覧表示されます。その一覧で選択した関数の概要が画面下部に表示されます。また、ダブルクリックすると、その関数を入力できます。

▼画面　「式ビルダー」を開く

4-10 更新クエリでレコードを更新しよう

更新クエリを使うメリット

前節までは選択クエリを学びましたが、本節からは**アクションクエリ**の学習に入ります。本節では**更新クエリ**、次節では**削除クエリ**を学びます。

更新クエリとはその名の通り、レコードを更新するクエリです。目的のテーブルの目的のレコードにある目的のフィールドのデータを別の値に変更するクエリになります。

Accessでテーブルのデータを更新（変更）したい場合、単一のレコードの単一のフィールドのデータなら、わざわざ更新クエリを使う必要がありません。目的のテーブルをデータシートビューで表示し、目的のレコードにある目的のフィールドをクリックすれば、カーソルが点滅した状態になり、データを書き換えられるようになります（画面1）。

▼**画面1　フィールドをクリックで、データを書き換えられるようになる**

単一のデータの更新なら、この方法でOKだよ

クリックでカーソルが点滅し、更新可能になった

> **操作を簡単にするショートカット**
> 矢印キーなどで目的のフィールドに移動したのち、F2 でカーソルが点滅した状態にできます。

そのような直感的な操作でもデータを更新できるのに、わざわざ更新クエリを使うメリットは何でしょうか？　それは複数のレコードをまとめて更新できることです。

複数のレコードを更新したい場合、更新クエリを使わないと、対象となるレコードの該当するフィールドのデータをひとつひとつ変更していかなければなりません。しかし、更新クエリを使えば、指定したテーブルの指定したフィールドに対して、指定した通りにデータをまとめて変更できます。このメリットは、対象となるレコードやフィールドの数が増えるほど大きくなります（図1）。

> **ポイント**
> 更新クエリを使えば、複数のレコードをまとめて更新できる

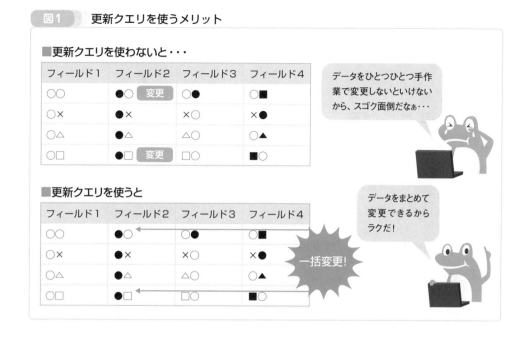

図1 更新クエリを使うメリット

■更新クエリを使わないと・・・

フィールド1	フィールド2	フィールド3	フィールド4
○○	●○ 変更	○●	○■
○×	●×	×○	×●
○△	●△	△○	○▲
○□	●□ 変更	□○	■○

データをひとつひとつ手作業で変更しないといけないから、スゴク面倒だなぁ・・・

■更新クエリを使うと

フィールド1	フィールド2	フィールド3	フィールド4
○○	●○ ←	○●	○■
○×	●×	×○	×●
○△	●△	△○	○▲
○□	●□ ←	□○	■○

一括変更！

データをまとめて変更できるからラクだ！

テーブル「本」で実践してみよう

　ここで、サンプルのデータベース「蔵書管理」のテーブル「本」を用いて、更新クエリを体験してみましょう。

　今回は、衆和出版で値段改定があり、既存の価格から100円低い金額に改定されたと仮定します。その値段改定をテーブル「本」に反映させる更新クエリを作成するとします。つまり、テーブル「本」にて、フィールド「出版社」が「衆和出版」のレコードについて、フィールド「価格」を100円値下げした値に変更する更新クエリを作成するとします。該当レコードは、タイトルが「Linux虎の穴」と「超ビギナーLinux」の2件です。現在の価格は前者が2800円、後者が1600円なので、それぞれ100円値下げした価格として、前者を2700円、後者を1500円にまとめて変更する更新クエリを作ることになります。

　更新クエリを作成するには、最初は選択クエリとして作成し、対象となるレコードを抽出する条件を指定します。その次に更新クエリに変更し、どのフィールドのデータをどのように更新するのかを指定します。このように、最初は選択クエリを作成することになるので、混乱しないよう注意してください。

　それでは、更新クエリを作成してみましょう。まずは目的のレコードを抽出する選択クエリを作成します。条件の対象となるフィールドと内容は次のようになります。

4

① 条件の対象となるフィールド
　出版社

② 条件の内容
　「衆和出版」という文字列

　以上を踏まえ、[作成] タブの [クエリデザイン] をクリックし、テーブル「本」を追加した後、デザイングリッドの1列目にフィールド [出版社] をドラッグして追加してください。続けて、「抽出条件」に文字列「衆和出版」を指定してください（画面2）。

▼画面2　「抽出条件」に文字列「衆和出版」を指定

ここまでは選択
クエリだね

　これで、フィールド「出版社」が「衆和出版」のレコードを抽出できる選択クエリを作成できました。では、次に更新クエリに変更しましょう。[クエリデザイン] タブの [更新] をクリックしてください（画面3）。

▼画面3　[クエリデザイン] タブの [更新] をクリック

ここで更新クエリに
変更するよ

　すると、作成した検索クエリが更新クエリに変更されます。デザイングリッドでは、「レコードの更新」の行が新たに表示され、「並べ替え」の行と「表示」の行が非表示になります（画面4）。

▼**画面4　「レコードの更新」の行が新たに表示される**

あっ、デザイングリッドの
行の構成が変わった

　では、どのフィールドのデータをどのように更新するのかを指定しましょう。今回はフィールド「価格」を100円値下げした値に更新するのでした。まずはデザイングリッドの2列目に、フィールド「価格」をドラッグして追加してください（画面5）。

▼**画面5　フィールド「価格」をドラッグして追加**

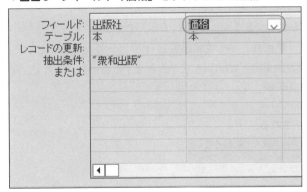

まずは更新の対象となる
フィールドを指定する
よ。ドロップダウンから
選んでもいいよ

　このデザイングリッドの2列目に追加したフィールド「価格」の「レコードの更新」の行に、データをどのように更新するのか、式を指定します。今回は価格を100円値下げするということで、フィールド「価格」の値から100を引く式「[価格]-100」を指定します（画面6）。この式には、引き算を行う算術演算子「-」を用いています。

▼**画面6** フィールド「価格」の値から100を引く式を指定

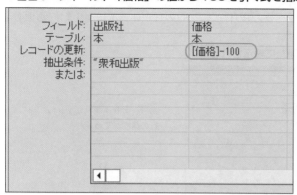

「レコードの更新」の
行に入力してね

　これで、目的の更新クエリを作成できました。この時点ではまだ［実行］をクリックしないでください。

一度確認してから更新を実行しよう

　更新クエリで注意が必要なのは、一度実行すると、テーブルのデータは元に戻せないことです。そのため、作成した更新クエリを実行する前に、更新の対象となるデータを意図通りに抽出するようになっているか、しっかりと確認しましょう。

　確認に便利な機能が［クエリデザイン］タブの［表示］です。クリックすると、更新の対象となるレコードの該当フィールドを表示できます。では、［表示］をクリックしてください。すると、該当レコード（フィールド「出版社」が「衆和出版」）のタイトル「Linux虎の穴」と「超ビギナー Linux」の価格である2800円と1600円が表示されます（画面7）。これで、更新の対象となるデータが意図通り抽出できていることが確認できました。

▼**画面7** 2800円と1600円が表示される

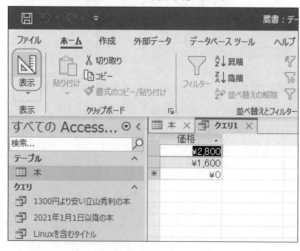

更新の対象となるデータが
ちゃんと抽出できているね

　ここで認識していただきたいのが、［表示］ボタンで確認できるのは、あくまでも更新の対象となるデータが意図通り抽出できるかまでであり、意図通り更新できるかどうかは確認できないことです。よって、実行する前に、デザイングリッドの「レコードの更新」に入力した式をしっかりと確認するようにしましょう。

　確認し終わったところで、更新クエリを実行してみましょう。再び［表示］をクリックするなどして、デザインビューに戻り、［実行］をクリックしてください。すると、確認のダイアログボックスが表示されるので、［はい］をクリックしてください（画面8）。

▼**画面8　［はい］をクリック**

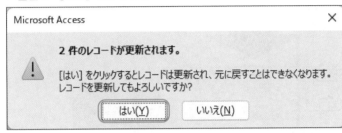

この確認をしないと、実際に更新は行われないんだね

　これで更新クエリが実行されました。テーブル「本」をデータシートビューで表示すると、該当レコード（フィールド「出版社」が「衆和出版」）のタイトル「Linux虎の穴」と「超ビギナー Linux」のレコードのフィールド「価格」のデータが、更新前より100円値下げされた2700円と1500円にまとめて変更されたことが確認できます（画面9、図2）。

▼**画面9　「価格」のデータが変更された**

ID	タイトル	著者	出版社	価格	発刊年月日	クリ
1	光速ジグ入門	立山秀利	釣漢舎	¥1,000	2022/05/25	
2	Linux虎の穴	駒場秀樹	衆和出版	¥2,700	2022/02/15	
3	用心棒師匠	横関智	剛胆社	¥680	2020/09/16	
4	超ビギナー Linux	鈴木吉彦	衆和出版	¥1,500	2021/12/01	
5	ダイコヒメフィッシュ	立山秀利	釣漢舎	¥1,300	2019/07/07	
6	平成太平記	横関智	剛胆社	¥1,500	2020/10/30	
*	（新規）			¥0		

おおっ、目的のデータがまとめて更新されたぞ！

クエリでデータを検索

図2 お題目の図解

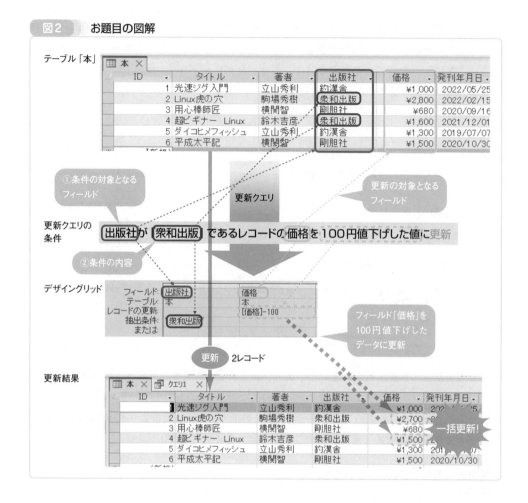

テーブル「本」

ID	タイトル	著者	出版社	価格	発刊年月日
1	光速ジグ入門	立山秀利	釣漢舎	¥1,000	2022/05/25
2	Linux虎の穴	駒場秀樹	衆和出版	¥2,800	2022/02/15
3	用心棒師匠	横関智	剛胆社	¥680	2020/09/16
4	超ビギナー Linux	鈴木吉彦	衆和出版	¥1,600	2021/12/01
5	ダイコヒメフィッシュ	立山秀利	釣漢舎	¥1,300	2019/07/07
6	平成太平記	横関智	剛胆社	¥1,500	2020/10/30

①条件の対象となるフィールド

更新の対象となるフィールド

更新クエリ

更新クエリの条件

出版社 が 衆和出版 であるレコードの 価格 を 100円値下げした値に 更新

②条件の内容

デザイングリッド

フィールド:	出版社	価格
テーブル:	本	本
レコードの更新:		[価格]-100
抽出条件:	衆和出版	
または:		

フィールド「価格」を100円値下げしたデータに更新

更新 2レコード

更新結果

ID	タイトル	著者	出版社	価格	発刊年月日
1	光速ジグ入門	立山秀利	釣漢舎	¥1,000	2022/05/25
2	Linux虎の穴	駒場秀樹	衆和出版	¥2,700	
3	用心棒師匠	横関智	剛胆社	¥680	
4	超ビギナー Linux	鈴木吉彦	衆和出版	¥1,500	
5	ダイコヒメフィッシュ	立山秀利	釣漢舎	¥1,300	2019/07/07
6	平成太平記	横関智	剛胆社	¥1,500	2020/10/30

一括更新!

　以上が更新クエリの基本になります。では、本節で作成した更新クエリを「衆和出版価格改定」という名前で保存して、次節へ進んでください。なお、ナビゲーションウィンドウに表示される更新クエリのアイコンは、検索クエリとは異なり、次のようになります（画面10）。

▼**画面10 更新クエリのアイコン**

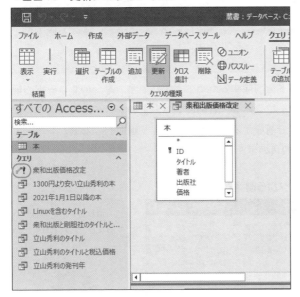

検索クエリとは別の
アイコンになるね

4

クエリでデータを検索

コラム

追加クエリについて

　アクションクエリである追加クエリは、指定したテーブルのレコードからデータを抽出・加工し、別のテーブルに追加する機能のクエリになります。まとめてデータを追加したい場合に有効なクエリです。本書では、作成方法など詳しい解説を割愛させていただきます。

操作を簡単にするショートカット

データシートビューにてカーソルが点滅した状態で、[Ctrl] + [Delete] で、カーソルより右側にあるデータをすべて削除できます。

削除クエリを使うメリット

削除クエリはその名の通り、レコードを削除するためのクエリです。単一のレコードの削除なら、テーブルをデータシートビューで表示し、目的のレコードのレコードセレクタの部分を右クリック➡［レコードの削除］で削除することができます（画面1）。なお、レコードセレクタとは、レコードの左側にある四角のボタンになります。

▼画面1　単一レコードなら、右クリックから削除できる

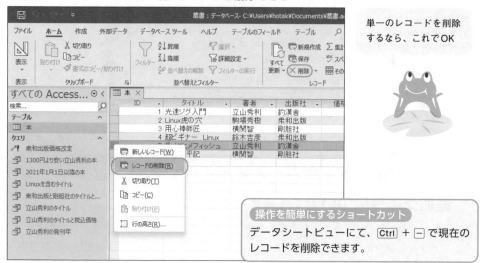

単一のレコードを削除
するなら、これでOK

> 操作を簡単にするショートカット
>
> データシートビューにて、Ctrl + - で現在の
> レコードを削除できます。

もしくは、目的のレコードのレコードセレクタをクリックして選択した状態で、［ホーム］タブの「レコード」にある［削除］をクリックしても、削除することができます。

そのような直感的な操作でもデータを削除できるのに、わざわざ削除クエリを使うメリットは、複数のレコードをまとめて削除できることです。指定した条件のレコードのみを、一括して削除することができます（図1）。

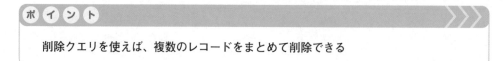

ポイント

削除クエリを使えば、複数のレコードをまとめて削除できる

図1　削除クエリを使うメリット

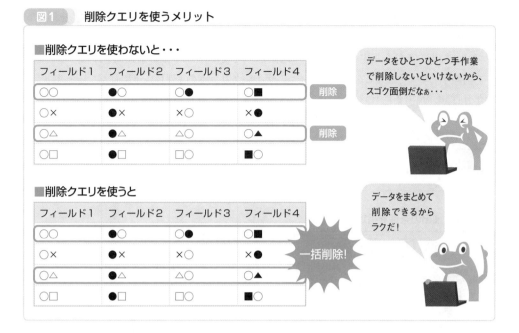

テーブル「本」で実践してみよう

　ここで、サンプルのデータベース「蔵書管理」のテーブル「本」を用いて、更新クエリを体験してみましょう。

　今回は、発刊年月日が2020年10月1日以前のレコードをまとめて削除するとします。該当レコードは、タイトルが「用心棒師匠」と「ダイコヒメフィッシュ」の2件です。発刊年月日は前者が2020年9月16日、後者が2019年7月7日となっています。

　削除クエリを作成するには更新クエリと同様に、最初は選択クエリとして作成し、削除の条件となるフィールドを指定します。その次に削除クエリに変更し、条件の内容を指定します。このように、最初は選択クエリを作成することになるので、混乱しないよう注意してください。

　それでは、削除クエリを作成してみましょう。条件の対象となるフィールドの内容は次のようになります。

---

① **条件の対象となるフィールド**
　発刊年月日

② **条件の内容**
　2020年10月1日以前

クエリでデータを検索

以上を踏まえ、[作成] タブの [クエリデザイン] をクリックし、テーブル「本」を追加した後、デザイングリッドの1列目にフィールド[発刊年月日]をドラッグして追加してください。

では、抽出の条件を指定しましょう（画面2）。発刊年月日が2020年10月1日以前のレコードを削除するのでした。この条件の式を、デザイングリッドの1列目に追加したフィールド「発刊年月日」の「抽出条件」の行に指定します。今回は発刊年月日が2020年10月1日以前のレコードを削除するということで、2020年10月1日以前かどうかを判定する式を指定します。

```
<=#2020/10/01#
```

▼**画面2　抽出の条件を指定**

まずは選択クエリとして
作成するよ

これで、フィールド「発刊年月日」が2020年10月1日以前のレコードを抽出できる選択クエリを作成できました。では、次に削除クエリに変更しましょう。[クエリデザイン]タブの[削除] をクリックしてください（画面3）。

▼**画面3　[削除] をクリック**

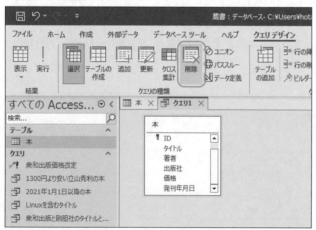

これで削除クエリに
変更されるよ

　すると、作成した検索クエリが削除クエリに変更されます（画面4）。デザイングリッドでは、「レコードの削除」の行が新たに表示され、「Where」と自動で入力されます。そして、「並べ替え」の行と「表示」の行が非表示になります。

▼**画面4　削除クエリに変更される**

デザイングリッドの行の構成が変わったね

　これで、目的の削除クエリを作成できました。この時点ではまだ［実行］をクリックしないでください。

一度確認してから削除を実行しよう

　削除クエリも更新クエリと同様に、一度実行すると、テーブルのデータは元に戻せません。そのため、作成した削除クエリを実行する前に、削除の対象となるレコードを意図通りに抽出するようになっているか、しっかりと確認しましょう。

　更新クエリと同様に、［クエリデザイン］タブの［表示］で確認します。クリックすると、削除の対象となるレコードの該当フィールドを表示できます。では、［表示］をクリックしてください。すると、該当レコードのタイトル「用心棒師匠」の発刊年月日である2020年9月16日と、タイトル「ダイコヒメフィッシュ」の発刊年月日である2019年7月7日が表示されます（画面5）。両者とも条件である2020年10月1日以前であり、削除の対象となるレコードが意図通り抽出できていることが確認できました。

▼**画面5　条件に合致する発刊年月日が表示される**

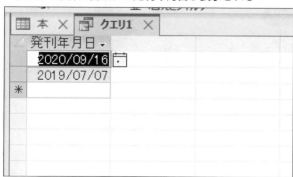

確かにこの発刊年月日のレコードを削除したいよね

クエリでデータを検索

4

確認し終わったところで、削除クエリを実行してみましょう。デザインビューに戻り、[実行]をクリックしてください。すると、確認のダイアログボックスが表示されるので、[はい]をクリックしてください（画面6）。

▼**画面6　[はい] をクリック**

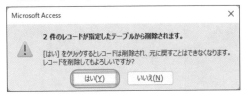

> この確認をしないと、実際に削除は行われないんだね

これで削除クエリが実行されました。テーブル「本」をデータシートビューで表示すると、該当レコードのタイトルタイトル「用心棒師匠」と「ダイコヒメフィッシュ」のレコードが削除されたことが確認できます（図2）。

図2　お題目の図解

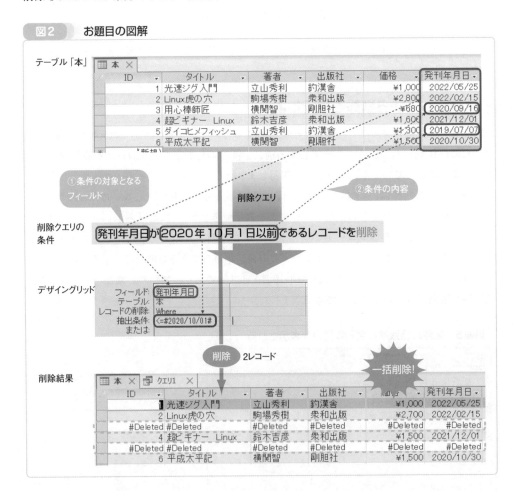

なお、テーブル「本」をデータシートビューで表示したまま、削除クエリを実行すると、このように削除されたレコードの部分に「#Deleted」と表示されます（画面7）。

▼**画面7** 「#Deleted」と表示される

ID	タイトル	著者	出版社	価格	発刊年月日	クリッ
1	光速ジグ入門	立山秀利	釣漢舎	¥1,000	2022/05/25	
2	Linux虎の穴	駒場秀樹	衆和出版	¥2,700	2022/02/15	
#Deleted	#Deleted	#Deleted	#Deleted	#Deleted	#Deleted	
4	超ビギナー Linux	鈴木吉彦	衆和出版	¥1,500	2021/12/01	
#Deleted	#Deleted	#Deleted	#Deleted	#Deleted	#Deleted	
6	平成太平記	横関智	剛胆社	¥1,500	2020/10/30	
*	（新規）			¥0		

テーブル「本」を表示したままだと、こうなるよ

一度テーブル「本」を閉じて表示し直して画面を更新すれば、このように「#Deleted」の表示はなくなり、残っているレコードのみが表示されます（画面8）。

▼**画面8** 残っているレコードのみが表示される

ID	タイトル	著者	出版社	価格	発刊年月日	クリック
1	光速ジグ入門	立山秀利	釣漢舎	¥1,000	2022/05/25	
2	Linux虎の穴	駒場秀樹	衆和出版	¥2,700	2022/02/15	
4	超ビギナー Linux	鈴木吉彦	衆和出版	¥1,500	2021/12/01	
6	平成太平記	横関智	剛胆社	¥1,500	2020/10/30	
*	（新規）			¥0		

テーブル「本」を開き直せば、こう表示されるよ

操作を簡単にするショートカット
F5 で画面の更新ができます。または Shift + F9 でも可能です。

また、ここで改めて確認していただきたいのが、主キーであるフィールド「ID」です。同フィールドはオートナンバー型であるため、連番が自動で入力されます。削除クエリなどでレコードを削除すると、削除されたレコードの番号は空き番号になります。今回作成・実行した削除クエリでは、フィールド「ID」のデータが3と5のレコードが削除されたため、その3と5が空き番号となります。削除後に改めて連番が振られるわけでないので、勘違いしないよう注意してください。

　以上が削除クエリの基本になります。では、本節で作成した削除クエリを「2020年10月1日以前を削除」という名前で保存してください。なお、ナビゲーションウィンドウに表示される削除クエリのアイコンは画面9のようになります。

▼**画面9　削除クエリのアイコン**

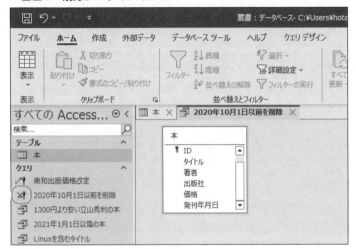

選択クエリとも更新クエリとも違うアイコンだね

第 **5** 章

リレーショナル
データベース

・・・・・・・・・・・・・・・・・・・・・

　前章までは単一のテーブルしか扱ってきませんでしたが、本章からはいよいよ複数のテーブルを連携させるリレーショナルデータベースの学習に入ります。Accessの操作に加え、リレーショナルデータベースの基礎となるさまざまな内容を学習します。前章に続き、おぼえることがたくさん登場するので、あせらずゆっくりと1つ1つマスターしていきましょう。

5-1 複数のテーブルを連携

なぜ複数のテーブルに分ける必要があるの？

　ここまでAccessの学習に用いてきた「蔵書」データベースのテーブルは、テーブル「本」の1つだけでした。1章で学んだ内容を思い出していただきたいのですが、**リレーショナルデータベース**とは「複数のテーブル同士が連携してデータを管理するデータベース」でした。つまり、4章までは複数ではなく、「本」という単一のテーブルしか用いてこなかったので、"リレーショナルな" データベースではなかったことになります。

　本章では、いよいよAccessのリレーショナルデータベースでの使い方を学んでいきます。単一のテーブルではなく、複数のテーブルを用い、それらを連携させることをAccessで行っていきます（図1）。

図1　単一のテーブルからリレーショナルデータベースへ

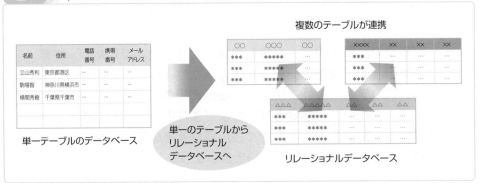

　それでは、Accessで複数のテーブルを連携させる方法を学ぶ前に、そもそもなぜ複数のテーブルを用いて、連携させる必要があるのかを解説します。ここからは新しいサンプルを用いて学習を進めていきますので、今までサンプルとして用いてきた「蔵書」データベース、およびテーブル「本」のことは一度忘れてください。

　本章から用いるサンプルは、ある街の文房具店が商品の受注履歴を表計算ソフトで管理していたとします。表計算ソフトで受注履歴を記録する表を作り、注文を1件受けるごとに1つの行にデータを登録していくとします（図2）。1つの行に登録するデータの項目は次の通りとします。なお、項目のラインナップは、受注履歴の管理にありがちなパターンを本書での学習に用いるにあたり、わかりやすくするため極力シンプルにしています。

- 注文ID
  1件の注文ごとに付与する管理用の通し番号

- 商品コード
  商品を識別するためのコード。アルファベット1文字＋4桁の数字の文字列とする

- 商品名
  商品の名前

- 単価
  商品の価格

- 個数
  注文の数

図2 注文履歴の表

注文ID	商品コード	商品名	単価	個数
1	****	*****	***	**
2	****	*****	***	**
3	****	*****	***	**
⋮	⋮	⋮	⋮	⋮
⋮	⋮	⋮	⋮	⋮

　この表ではサンプルとして、5件ぶんの注文データを扱うとします。具体的には、次のようなデータになります（表1）。

▼**表1　注文のデータ**

注文ID	商品コード	商品名	単価	個数
1	B0001	カラーペン	¥250	20
2	A0001	付箋	¥300	10
3	A0002	クリップ	¥350	25
4	B0001	カラーペン	¥250	15
5	A0001	付箋	¥300	30

これだけの注文データを使って、これからリレーショナルデータベースを学んでいくよ

リレーショナルデータベース

5

実はこのような形式の表では、受注履歴を管理していくうえで、いくつか困ったことが浮き彫りになってきます。

この表をよく見ると、同じデータが何度も登場していることがわかるかと思います。具体的には、「商品コード」と「商品名」と「単価」のデータです。この3種類のデータは、注文ごとにまったく同じデータが登録されています。たとえば、1行目と4行目では同じ「カラーペン」を受注しています。「注文ID」と「個数」の列は異なるデータが登録されていますが、「商品コード」と「商品名」と「単価」の列には同じものが入力されています。

よくよく考えると、「注文ID」と「個数」の列は注文ごとに変わるデータですが、「商品コード」と「商品名」と「単価」の列はそれぞれの注文とは別に、商品によってずっと同じものが用いられるデータです。そのような不変のデータを注文ごとに毎回同じものを登録していては、ムダと言えるでしょう（図3）。

それに、もし「商品名」に変更があった場合、表内のすべての「商品名」に反映させなければならないため、多くの手間がかかってしまいます。このように表のメンテナンス性も悪くなってしまいます。

図3　サンプルの表の問題点

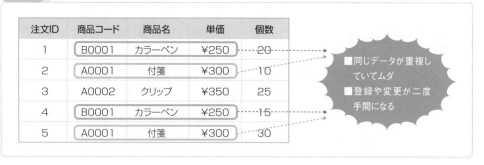

このような問題は表計算ソフトだけでなく、Accessを使ったとしても、単一の表（＝テーブル）で管理しようとする限りは発生します。では、どのように解決すればよいでしょうか？

このような問題を解決するには、1つの表を複数の表に分割してやります。言い換えると、1つのテーブルを複数のテーブルに分割してやるということです。どのように分割するかというと、毎回同じものを重複して入力することになるデータの列（＝フィールド）を、別のテーブルとして切り出すのです。

このサンプルの場合、注文ごとに毎回重複して入力するデータのフィールドは「商品コード」と「商品名」と「単価」です。したがって、この3種類のフィールドを別の表として切り出します。そして、重複している行を取り除き、「商品コード」の順に並べると次のようになります（表2、図4）。

▼**表2　商品のテーブル**

商品コード	商品名	単価
A0001	付箋	¥300
A0002	クリップ	¥350
B0001	カラーペン	¥250

商品に関するデータを別
の表に切り出したよ

図4　**別のテーブルとして切り出す**

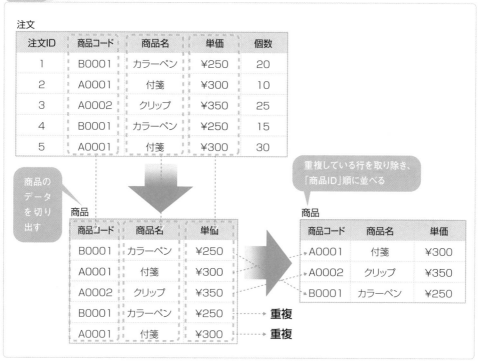

これで商品のテーブルは完成です。一方、元のテーブルですが、この3種類のフィールド
を切り出したままだと、元のテーブルに残るのは「注文ID」と「個数」のフィールドだけになっ
てしまいます。これでは、どの商品が注文されたのかわからなくなってしまいます（表3）。

▼**表3　注文のテーブル**

注文ID	個数
1	20
2	10
3	25
4	15
5	30

これじゃ、どの商品が注文
されたのか、わからないよ

　そこで、商品を特定できる「商品コード」のフィールドだけは残してやります。これで1つのテーブルで管理していた場合に比べて、ムダがなくなりました。注文が発生した際、データを入力すればよいフィールドは「注文ID」と「商品コード」と「個数」の3つだけでよくなりました。もともとの表に比べて、入力しなけらばならないフィールドが2つ減ったので、データ入力作業が効率化されます。また、たとえば商品名の変更があった場合でも、商品のテーブルのデータだけを更新すればよくなるなど、メンテナンス性もアップしました（表4、図5）。

▼**表4　商品コードを残した注文のテーブル**

注文ID	商品コード	個数
1	B0001	20
2	A0001	10
3	A0002	25
4	B0001	15
5	A0001	30

これなら、どの商品が注文されたのか、ちゃんとわかるね

図5　商品コードを残した注文のテーブル

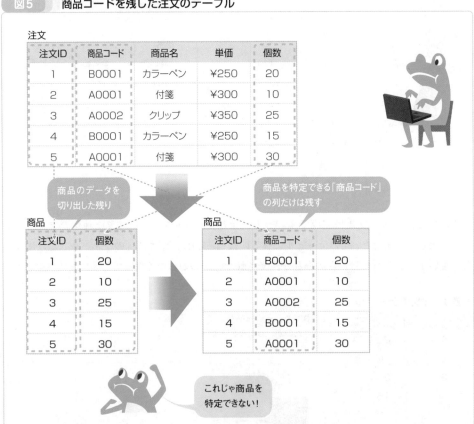

　さて、「商品コード」と「商品名」と「単価」のフィールドを別のテーブルに切り出したことで、ムダをなくしたりメンテナンス性もアップしたりしたのはよいのですが、このように3種類のフィールドを切り出し、2つのテーブルに分割したままだと、もともと行っていた注文の管理ができなくなってしまいます。このままでは本末転倒でしょう。

　そこで登場するのが、テーブルの連携です。Accessでは複数のテーブルを連携させることが可能となっています。各テーブルの本体は別々にあるのですが、連携させることで、両者を"合体"させた1つのテーブルとして扱うことが可能となっています。そのような機能を利用し、元のテーブルと切り出したテーブルを連携させれば、もともとやっていた注文の管理が実現できるのです（図6）。

　連携はフィールドを基準に行います。具体的には、元のテーブルに残しておいた「商品コード」のフィールドと、切り出したテーブルの「商品コード」のフィールドを関連付けるのです（図7）。たとえば、注文のテーブルの1行目は「商品コード」が「B0001」とあります。切り出した商品のテーブルを見ると、「商品コード」が「B0001」の商品は「商品名」が「カラーペン」であり、「単価」が「¥250」とわかります。

　このように「商品コード」を基準に2つのテーブルを対応させ、注文のテーブルから商品のテーブルを参照させることで、注文のテーブルに「商品名」や「単価」のフィールドがなくてもそれらのデータが得られるようになります。

　このような仕組みがあるため、もともとやっていた注文の管理の表と同じ形式での管理が可能となります。その上、テーブルを切り分けたことにより、メンテナンス性の向上というメリットが得られるようになります。

図6 **2つのテーブルを連携させ、1つのテーブルとして扱えるようにする**

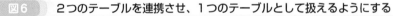
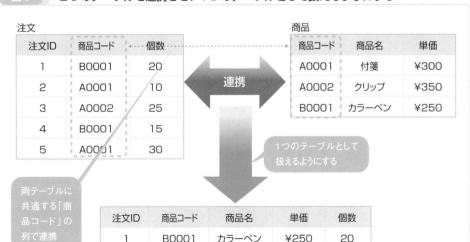

図7 商品コードから商品名と単価を取得

注文

注文ID	商品コード	個数
1	B0001	20
2	A0001	10
3	A0002	25
4	B0001	15
5	A0001	30

商品

商品コード	商品名	単価
A0001	付箋	¥300
A0002	クリップ	¥350
B0001	カラーペン	¥250

商品コードが
B0001

商品コードがB0001のレコードの
他フィールドから、商品名が「カラー
ペン」、単価が「¥250」とわかる

　指定したテーブルの指定したフィールドと、指定した別のテーブルの指定したフィールドを結びつけて、テーブル同士を関連付けることを「**リレーションシップ**」と呼びます。リレーションシップの基準となるフィールドのことを「**結合フィールド**」と呼びます。今回のサンプルでは、フィールド「商品コード」が結合フィールドになります。

　また、データベースの世界では複数のテーブルを連携させ、1つのテーブルとして扱えるようにする処理のことを「**結合**」を呼びます。本書でも以降は「結合」という言葉を用いていきます。Accessには、このリレーションシップを設定し、複数のテーブル同士を関連付ける機能が用意されています。本章ではその使い方を学んでいきます。

　なお、サンプルのように重複をなくしてテーブルを最適なかたちに整えることを、データベースの世界では「**正規化**」を呼びます。この正規化については、巻末の資料5で別途改めて解説しますので、ここでは「重複するデータを別のテーブルとして切り出す」とだけ理解しておけばOKです。

リレーショナルデータベースの
サンプルの準備をしよう

連携させる2つのテーブルを作成

　それではこれからAccessにて、商品のテーブルと注文のテーブルの2つを用い、リレーショナルデータベースを作成します。最初にここで、リレーションシップを設定する前段階として、商品のテーブルと注文のテーブルを作成しておきます。

　これら2つのテーブルは、今まで使っていた「蔵書」データベースとは別のデータベースに作成します。まずは［ファイル］タブ→［閉じる］をクリックして、「蔵書」データベースを閉じてください。

　では、新しいデータベースを作成しましょう。［ファイル］タブの［新規］の［空のデータベース］をクリックしてください。「ファイル名」にデータベース名を入力して［作成］をクリックします。今度のデータベースの名前は「受注管理」とします（画面1）。

▼**画面1　データベースを新規作成**

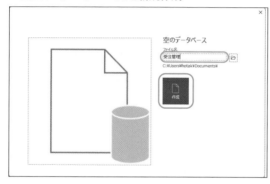

これからは「受注管理」
データベースを使ってい
くよ

　これでデータベース「受注管理」が作成されました。この中に2つのテーブルを作成していきます。

注文のテーブルを作成しよう

　最初に注文のテーブルを作成しましょう。前節の繰り返しになりますが、注文のデータは以下のような表で管理するのでした。この表をテーブルに落とし込んでいきます（表1）。

▼**表1　注文のデータ**

注文ID	商品コード	個数
1	B0001	20
2	A0001	10
3	A0002	25
4	B0001	15
5	A0001	30

この表からテーブルを
作っていくよ

Accessでテーブル作成する前に、どのようなテーブルにするか、仕様を決めましょう。まずはテーブル名です。どのようなテーブルなのかわかりやすければ、どのような名前でもよいのですが、今回は注文の履歴を記録するという意味で「注文履歴」とします。

さて、このまま「注文履歴」というテーブル名にしてもよいのですが、作成した後にナビゲーションウィンドウの「すべてのAccessオブジェクト」に表示される際、アイコンの違いやカテゴリ名の表示があるとはいえ、クエリなど他のオブジェクトとひと目で見分けがつきにくくなっています。後でフォームやレポートなど他の種類のオブジェクトが増えてきたら、ますます見分けがつきにくくなるでしょう。

そこで、オブジェクト名の前に、どのような種類のオブジェクトなのかひと目でわかるよう、アルファベットを1～2文字付けてやることにします。付けるアルファベットはテーブルということで「T」とします。そして、「注文履歴」との間に「_」（アンダーバーまたはアンダースコア。 Shift + \ キーで入力）を付け、次のようなテーブル名とします。

T_注文履歴

このようにオブジェクト名の前にオブジェクトの種類を表すアルファベットを付けるのは、Accessのルールでも何でもなく、必ずやらなければならないことではありません。しかし、オブジェクトが増えてきた際、オブジェクトの見分けをつきやすくするよう、しばしば用いられるテクニックです。もちろん、Accessの画面上でオブジェクトの種類の見分けがひと目でつくという方は、アルファベットを付けなくても構いません。

次にフィールドの名前とデータ型を決めましょう（表2）。フィールド名は上記の表の列名と同じにしても問題なさそうなので、そのままフィールド名とします。データ型ですが、フィールド「注文ID」は注文履歴を管理するための通し番号ということで、オートナンバー型にします。フィールド「商品コード」は商品を識別するためのコードであり、アルファベット＋4桁の数字から成るので、短いテキストにします。フィールド「個数」は注文された商品の数となるので数値型にします。

▼**表2　テーブル「T_注文履歴」のフィールド**

フィールド名	意味	データ型
注文ID	管理用の通し番号	オートナンバー型
商品コード	商品識別用のコード	短いテキスト
個数	注文の数	数値型

テーブル「T_注文履歴」のフィールドはこの名前とデータ型で作成するよ

　続けて、主キーを決めましょう。そもそも注文IDは1件の注文ごとに付与する管理用の通し番号なので、重複する値を取ることはなく、注文のレコードを特定できます。したがって主キーは「注文ID」とします。

主キー：　フィールド「注文ID」

　最後はフィールドプロパティを決めましょう。フィールド「注文ID」は、主キーに設定した際に自動で設定されるフィールドプロパティをそのまま使います。

　短いテキスト型のフィールド「商品コード」ですが、商品コードはアルファベット＋4桁の数字ということで、5文字しか必要としません。よって、フィールドサイズを「5」とします。また、必ず入力するよう「値要求」を［はい］に設定するとします。他にもフィールドプロパティはいろいろあるのですが、今回は以上2種類を設定するとします。

　以上をまとめると、フィールド「商品コード」に設定するフィールドプロパティは次のようになります。

フィールド「商品コード」に設定するフィールドプロパティ

・「フィールドサイズ」を「5」にする
・「値要求」を［はい］にする

　数値型フィールド「個数」についても、フィールドプロパティは「フィールドサイズ」と「値要求」だけ設定するとします。

　「フィールドサイズ」ですが、一度に何千何万個という膨大な数の注文が入るケースは皆無なので、大きな値を扱えなくても問題なさそうです（もし、数値型データの「フィールドサイズ」を忘れてしまっていたら、P62の3-5節で復習しておきましょう）。また、商品の個数を記録するフィールドなので小数は扱いません。したがって、「フィールドサイズ」は通常の整数を扱う「長整数型」に設定します。もちろん、何千何万個という数値は扱わないので、「整数型」でも構いませんが、今回はデフォルトで設定される「長整数型」を採用するとします。

　フィールドプロパティ「値要求」はフィールド「商品コード」同様に［はい］に設定するとします。以上をまとめると、フィールド「個数」に設定するフィールドプロパティは次のようになります。

> フィールド「個数」に設定するフィールドプロパティ
>
> ・「フィールドサイズ」を「長整数型」にする
> ・「値要求」を［はい］にする

　テーブル「T_注文履歴」の仕様決めは以上です。それではAccessでの作業に取りかかりましょう。

　［テーブルのフィールド］タブの［表示］(三角定規と鉛筆のアイコン）をクリックして、デザインビューに切り替えてください。その際、テーブルの保存を求められるので、テーブル名を「T_注文履歴」と指定してください。

　デザインビューに切り替わったら、先ほど決めた仕様にしたがって、各フィールドを作成していきます。フィールド「注文ID」は、デフォルトで主キーとして自動作成されるオートナンバー型のフィールド「ID」を流用して作成します。「フィールド名」のセルをクリックしてカーソルを点滅させ編集可能な状態にしたら、フィールド名を「注文ID」に変更してください（画面2）。

▼**画面2　フィールド「注文ID」の完成形**

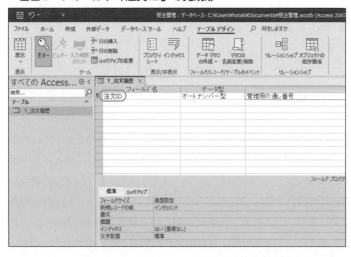

フィールド名を「ID」から「注文ID」に変更しよう

　これでフィールド「注文ID」は作成できました。次はフィールド「商品コード」と「個数」を作成します。先ほど決めた仕様に従い、3章で学んだ方法で作成してください。2つのフィールドの完成形は次の画面のようになります（画面3、4）。作成後はテーブル「T_注文履歴」を上書き保存してください。

●フィールド「商品コード」

▼**画面3** フィールド「商品コード」の完成形

フィールド名	データ型	
注文ID	オートナンバー型	管理用の通し番号
商品コード	短いテキスト	商品識別用のコード

フィールドプロパティ

標準	ルックアップ
フィールドサイズ	⑤
書式	
定型入力	
標題	
既定値	
入力規則	
エラーメッセージ	
値要求	はい
空文字列の許可	はい
インデックス	はい (重複あり)
Unicode 圧縮	はい
IME 入力モード	オン
IME 変換モード	一般
ふりがな	

「フィールドサイズ」を
「5」に設定し、「値要求」
を[はい]にしてね

●フィールド「個数」

▼**画面4** フィールド「個数」の完成形

フィールド名	データ型	
注文ID	オートナンバー型	管理用の通し番号
商品コード	短いテキスト	商品識別用のコード
個数	数値型	注文の数

フィールドプロパティ

標準	ルックアップ
フィールドサイズ	長整数型
書式	
小数点以下表示桁数	自動
定型入力	
標題	
既定値	0
入力規則	
エラーメッセージ	
値要求	はい
インデックス	いいえ
文字配置	標準

「フィールドサイズ」は
デフォルトの「長整数型」
のままで、「値要求」を
[はい]に設定してね

リレーショナルデータベース

商品のテーブルを作成しよう

次に商品のテーブルを作成しましょう。前節の繰り返しになりますが、商品のデータは以下のような表で管理するのでした。この表をテーブルに落とし込んでいきます（表3）。

▼**表3　商品のデータ**

商品コード	商品名	単価
A0001	付箋	￥300
A0002	クリップ	￥350
B0001	カラーペン	￥250

次はこのテーブルを
作っていくよ

Accessで作成する前に、どのようなテーブルにするか、仕様を決めましょう。まずはテーブル名です。わかりやすいテーブル名ということで、「商品」という言葉をベースにします。そして、テーブル「T_注文履歴」と同様に、どのようなオブジェクトの種類なのか見分けられやすくするため、アルファベットを1～2文字付けてやります。

商品のテーブルなのでテーブル「T_注文履歴」と同様に、アタマに「T_」と付けてもよいのですが、ここでは「MT_」と付けるとします。

MT_商品

「MT_」の「T_」はテーブルという意味です。一方、「MT_」の「M」は「**マスタ**」という意味になります。「マスタ」とは、基本的には「複数のテーブルで構成されるデータベースにおいて、基礎となるデータを格納するテーブル」という意味です。たとえば、これから作成しようとしているような商品の名前や価格などの基本的な情報を格納するテーブルは、一般的に「商品マスタ」と呼ばれます。他に、顧客の名前や住所などを格納する「顧客マスタ」などもあります。

マスタのテーブルとマスタでないテーブルの関係を簡単に言うと、主に前者は"参照される側"、後者は"参照する側"となります。たとえば今回の例である「受注管理」データベースにて、マスタには該当しないテーブル「T_注文履歴」は、注文が発生する度にデータが入力され増えていきます。その際、どの商品が注文されたかは、フィールド「商品コード」の情報しか入力されません。そのフィールド「商品コード」のデータを元に、テーブル「MT_商品」からフィールド「商品名」やフィールド「価格」の情報を"参照する"ことになります。一方、マスタにあたるテーブル「MT_商品」は逆の立場であり、テーブル「T_注文履歴」から"参照される"立場になります。

また、マスタであるテーブル「MT_商品」は、扱う商品のデータを最初に入力しておけば、その後は基本的に商品の情報に変更がなければ、テーブル内のデータは更新されません。一方、マスタでないテーブル注文履歴は注文のたびにデータが更新（追加）されます。同じテーブルでも両者にはこのような違いがあります（図1）。

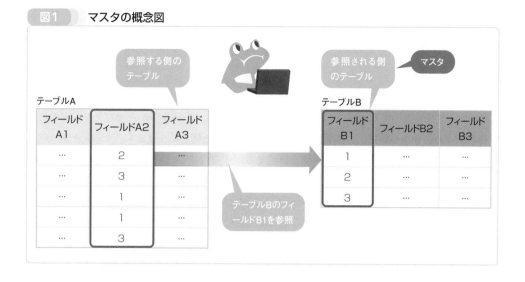

図1 マスタの概念図

勘違いしないでいただきたいのですが、Accessではマスタとマスタ以外のテーブル名を明確に区別しなければ、正しく動作しないというわけではありません。そのようなルールや制限は存在しません。

しかし、テーブルが増えてきた際、「すべてのオブジェクト」欄に一覧表示された際、マスタに該当するテーブルなのか、そうでないのかがひと目でわかると、その後にメンテナンスが何かと効率的になるなど便利なことがあります。それに、一般的にデータベースの世界では、「〜マスタ」と呼ばれるテーブルはよく登場し、繰り返しになりますが、例のような商品情報のテーブルは「商品マスタ」と呼ばれるのがお約束となっています。ですから、この機会にマスタを意識してテーブルを作成するようにしましょう。

もちろん、マスタのテーブル名には「MT_」と必ず付けなければならないルールや制限事項はなく、たとえば「商品マスタ」というテーブル名にしても構いません。要はそのテーブルがマスタなのか、そうでないのか区別がひと目で付けばよいのです。

次にフィールド名とデータ型を決めましょう。フィールド名は上記の表の列名と同じにしても問題なさそうなので、そのままフィールド名とします。データ型ですが、フィールド「商品コード」はテーブル「T_注文履歴」の同名フィールドと揃えて、同じ短いテキストにします。

ここで1つルールをおぼえていただきます。「複数のテーブルを連携させる際、関連付けるフィールドは各テーブルで同じデータ型に揃えなければならない」というルールです。言い換えると、「必ず同じデータ型のフィールドでリレーションシップを設定する」となります。今回の例では、テーブル「T_注文履歴」のフィールド「商品コード」と、テーブル「MT_商品」のフィールド「商品コード」という同じ短いテキスト型のフィールドとして関連付けます。

関連付けるフィールドのデータ型は揃える

両フィールドのデータ型が異なると、リレーションシップを設定できないので注意してくださ
い。ただし、オートナンバー型フィールドは例外です。実はオートナンバー型フィールドのデー
タを格納する部分の正体は、長整数型の数値型フィールドと同じになります。オートナンバー型
フィールドは長整数型フィールドに、値を自動で設定する機能が付いたフィールドと言えます。
したがって、オートナンバー型フィールドは長整数型のフィールドとリレーションシップを設定
できます。実際のデータベース開発の現場では、オートナンバー型フィールドは「ID」など
の名前で、主キーによく用いられます。そして、その主キーのフィールドと、別のテーブル
に設けた長整数型のフィールドを関連付けるというケースはよく登場します。

たとえば、今回のサンプルでフィールド「商品コード」が短いテキスト型ではなく、マス
タ側のテーブルではオートナンバー型、もう一方のテーブルでは長整数型のフィールドとし
て用意されたかたちになります。よくあるパターンなので、オートナンバー型フィールドは
長整数型のフィールドとリレーションシップを設定できることはおぼえておきましょう。

ポ イ ン ト

オートナンバー型フィールドは長整数型のフィールドに関連付けられる

では、話をテーブル「MT_商品」の作成に戻します。続けて、残りのフィールドのデータ
型も決めましょう。フィールド「商品名」は商品の名前なので短いテキスト型にします。フィー
ルド「単価」は商品の価格なので、通貨型が最適でしょう。以上をまとめると、次の表のよ
うになります（表4）。

▼表4 テーブル「MT_商品」のフィールド

フィールド名	意味	データ型
商品コード	商品識別用のコード	短いテキスト
商品名	商品の名前	短いテキスト
単価	商品の価格	通貨型

テーブル「MT_商品」はこの
フィールド名とデータ型で
作成するよ

次に主キーを決めましょう。フィールド「商品コード」はそもそも商品識別用のコードで
あり、重複する値を取ることはなく、商品のレコードを特定できます。したがって主キーは「商
品コード」とします。

主キー： フィールド「商品コード」

　最後はフィールドプロパティを決めましょう。まずはフィールド「商品コード」です。主キーに設定した際に適用されるフィールドプロパティをベースに、テーブル「T_注文履歴」の同フィールドと同じく「フィールドサイズ」を「5」に、「値要求」を［はい］にします。

フィールド「商品コード」に設定するフィールドプロパティ

・「フィールドサイズ」を「5」にする
・「値要求」を［はい］にする

　次は短いテキスト型フィールド「商品名」のフィールドプロパティです。今回は「フィールドサイズ」と「値要求」との2項目を設定することにします。ここでは「名前が最大30文字までの商品しかない」と仮定し、フィールドサイズを「30」とします。また、必ず入力するよう「値要求」を［はい］に設定するとします。他にもフィールドプロパティはいろいろあるのですが、今回は以上2種類を設定するとします。

フィールド「商品名」に設定するフィールドプロパティ

・「フィールドサイズ」を「30」にする
・「値要求」を［はい］にする

　残りの通貨型フィールド「単価」のフィールドプロパティは、今回は「値要求」を［はい］に設定するのみで、他はデフォルトのままで使用するとします。

フィールド「単価」に設定するフィールドプロパティ

・「値要求」を［はい］にする

　テーブル「MT_商品」の仕様決めは以上です。それではAccessでの作業に取りかかりましょう。Accessの画面は現在、テーブル「T_注文履歴」の作成が終わった状態になっているかと思います。ここで［作成］タブをクリックして切り替え、［テーブルデザイン］をクリックしてください（画面5）。

▼**画面5　テーブルを新規作成**

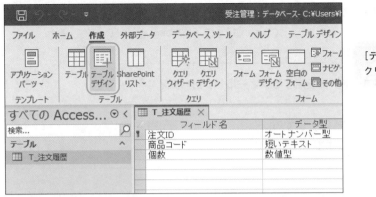

［テーブルデザイン］を
クリックしてね

　すると、新たに「テーブル1」という新しいテーブルのタブが作成され、テーブルの新規作
成が行えるようになります（画面6）。

▼**画面6　新規テーブルのデザインビューが開いた**

この方法だとフィールド
「ID」は自動で用意され
ないんだね

　このように［作成］タブの［テーブルデザイン］をクリックすると、いきなりデザインビュー
からテーブルを新規作成できます。ただし、画面を見ればおわかりの通り、主キーとなるオー
トナンバー型フィールド「ID」は自動で用意されません。
　では、先ほど決めた仕様にしたがって、各フィールドを作成していきます。まずはフィールド「商
品コード」です。［テーブル1］タブにある表の「フィールド名」、「データ型」、「説明」を入力し
ます。次に［テーブルデザイン］タブの［主キー］をクリックして主キーに設定します。すると、
「値要求」が連動して自動で［はい］になります。最後にフィールドプロパティにて、「フィール
ドサイズ」を「5」に設定しください（画面7）。

● フィールド「商品コード」

▼**画面7 フィールド「商品コード」の完成形**

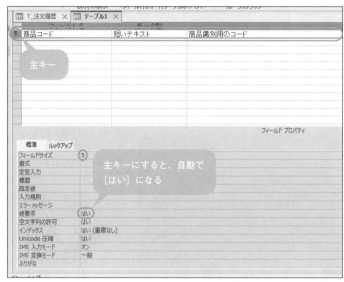

主キーに設定してね。
「フィールドサイズ」
も「5」に設定してね

これでフィールド「商品コード」は作成できました。次はフィールド「商品名」と「単価」を同様の手順で作成してください。2つのフィールドの完成形は次の画面のようになります（画面8、9）。

● フィールド「商品名」

▼**画面8 フィールド「商品名」の完成形**

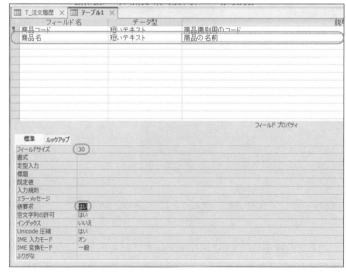

「フィールドサイズ」を
「30」に、「値要求」を［は
い］に設定してね

● フィールド「単価」

▼画面9　フィールド「単価」の完成形

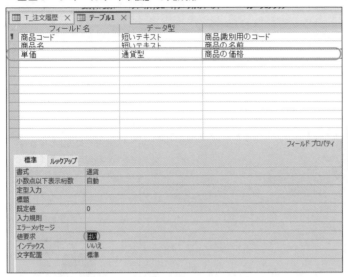

データ型は「通貨型」にしてね。「値要求」を［はい］にすることも忘れずに

　作成するフィールドは以上です。最後にクイックアクセスツールバーの［上書き保存］をクリックしてください。「名前を付けて保存」ダイアログボックスが表示されるので、「テーブル名」欄に「MT_商品」と入力して［OK］をクリックしてください（画面10）。

▼画面10　名前「MT_商品」でテーブルを保存

　すると、テーブル「MT_商品」として保存され、ナビゲーションウィンドウにアイコンが表示されます。
　現在、ナビゲーションウィンドウの表示は［すべてのAccessオブジェクト］になっているかと思います。もしなっていなければ、［▼］をクリックしてドロップダウンから［すべてのAccessオブジェクト］を選び、すべてのオブジェクトを表示するよう変更しておきましょう（画面11）。

▼**画面11　すべてのオブジェクトを表示**

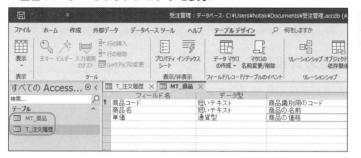

作成した2つのテーブル
が表示されるよ

　これで2つのテーブル「T_注文履歴」と「MT_商品」は完成です。この後、次節で両テーブルを連携させるため、フィールド「商品コード」を結合フィールドとして、関連付けする方法を解説します。

　なお、本書ではデータベース初心者がなるべく理解しやすくなるよう、テーブルの数とフィールドの数、および設定するフィールドプロパティの数を極力減らしてシンプルにしています。本来ならたとえば、注文履歴に顧客のフィールドを設けたり、顧客のテーブルを別途設けたり、注文の明細を別テーブルに用意したりなどの構成にするのが定石です。今回はリレーショナルデータベースの基礎の学習用ということで、シンプルなサンプルを用います。

リレーショナルデータベース

2つのテーブルを
関連付けよう

リレーションシップ設定の大まかな流れ

　本節では、前節で作成したテーブル「T_注文履歴」と「MT_商品」にリレーションシップを設定し、これら2つのテーブルを関連付けます。実際にAccessで作業を行う前に、リレーションシップ設定の大まかな流れを解説しておきます。リレーションシップ設定は以下の3ステップで行います。

① 関連付けするテーブルを指定
② 指定したフィールドにリレーションシップを作成
③「参照整合性」等の必要な設定を行う

　「① 関連付けするテーブルを指定」は文字通り、リレーションシップで関連付けるテーブルを指定することです。今回のサンプルなら、テーブル「T_注文履歴」と「MT_商品」を指定します。

　「② 指定したフィールドにリレーションシップを作成」は、①で指定したテーブルの中で、テーブル同士を結びつけるフィールドを指定します。つまり、結合フィールドを指定するのです。今回のサンプルならフィールド「商品コード」が結合フィールドになります。リレーションシップの作成方法はこの後紹介します。

　「③『参照整合性』等の必要な設定を行う」ですが、「**参照整合性**」をはじめ、解説すべき内容がいくつかあります。しかし、どれも初心者には少々難しい内容なので、ここでまとめて説明してしまうと、混乱される方が出てしまうかもしれません。そこで、リレーションシップの作成方法を紹介する中で段階的に解説していきます。

リレーションシップを設定しよう

　では、さっそくAccessを操作して、テーブル「T_注文履歴」と「MT_商品」にリレーションシップを設定していきましょう。下準備として、Accessでは関連付けの対象となるテーブルが開いたままだと、リレーションシップが設定できないので、現在開いているテーブル「T_注文履歴」と「MT_商品」のタブの［×］ボタンをクリックして、両テーブルとも閉じてください（画面1）。

▼**画面1　すべてのテーブルを閉じる**

［×］をクリック
して閉じてね

　Accessでは、リレーションシップの設定は「リレーションシップ」ウィンドウで行います。
［データベースツール］タブの［リレーションシップ］をクリックしてください（画面2）。

▼**画面2　「リレーションシップ」ウィンドウを開く**

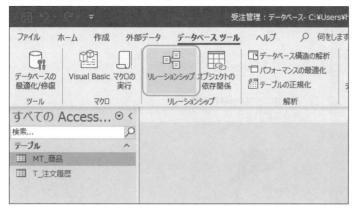

［リレーションシップ］
をクリックしてね

　すると、画面3のように「リレーションシップのデザイン」タブが開きます。画面中央には
［リレーションシップ］というタブが表示され、画面右側には「テーブルの追加」作業ウィン
ドウが表示されます。

▼**画面3　「リレーションシップのデザイン」タブ**

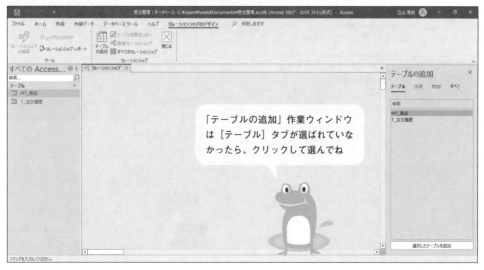

「テーブルの追加」作業ウィンドウ
は［テーブル］タブが選ばれていな
かったら、クリックして選んでね

　この「テーブルの追加」という作業ウィンドウにて、先ほど説明したリレーションシップ
設定の大まかな流れの「① 関連付けするテーブルを指定」を行います。関連付けするテーブ
ルは、テーブル「T_注文履歴」と「MT_商品」です。まずは「テーブルの追加」作業ウィ
ンドウの［テーブル］タブの一覧から、［MT_商品］をクリックして選択し、［選択したテー
ブルを追加］をクリックしてください（画面4）。

リレーショナルデータベース

5

▼**画面4　テーブル「MT_商品」を追加**

まずはテーブル「MT_商品」
から追加しよう

すると、「リレーションシップ」タブにテーブル「MT_商品」が追加されます（画面5）。

▼**画面5　テーブル「MT_商品」が追加された**

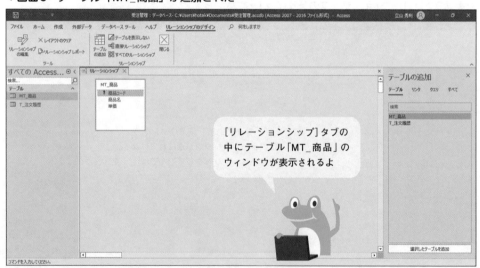

[リレーションシップ]タブの
中にテーブル「MT_商品」の
ウィンドウが表示されるよ

　続けて、もう一つの関連付けするテーブルであるテーブル「T_注文履歴」をリレーション
シップウィンドウに追加します。「テーブルの追加」作業ウィンドウの［テーブル］タブの一
覧から、［T_注文履歴］をクリックして選択し、［選択したテーブルを追加］をクリックして
ください（画面6）。

▼**画面6　テーブル「T_注文履歴」を追加**

もう1つのテーブル「T_注文履歴」も追加しよう

　すると、リレーションシップウィンドウにテーブル「T_注文履歴」が追加されます。以上で「① 関連付けするテーブルを指定」は完了です。「テーブルの追加」作業ウィンドウの右上にある［×］（［閉じる］）をクリックして閉じてください（画面7）。

▼**画面7　テーブル「T_注文履歴」が追加された**

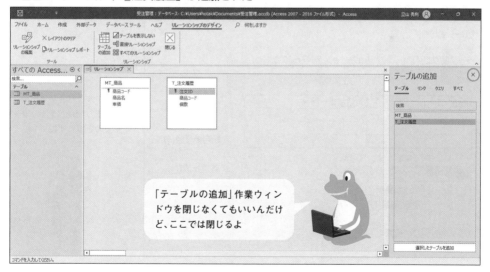

「テーブルの追加」作業ウィンドウを閉じなくてもいいんだけど、ここでは閉じるよ

次は「② 指定したフィールドにリレーションシップを作成」を行います。結合フィールドはフィールド「商品コード」でした。リレーションシップウィンドウ上のテーブル「MT_商品」のフィールド[商品コード]をクリックし、そのままテーブル「T_注文履歴」のフィールド[商品コード]へドラッグ＆ドロップしてください（画面8）。

▼**画面8　リレーションシップを作成**

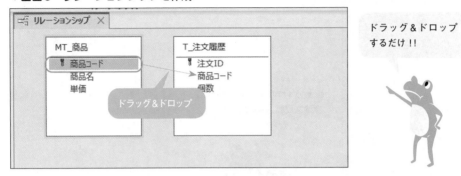

ドラッグ＆ドロップ
するだけ!!

すると、「リレーションシップ」ダイアログボックスが表示されます（画面9）。指定した2つのテーブルの名前、および結合するフィールドが表示されるので、正しく設定されているか確認してください。そして、[参照整合性]にチェックを入れてください。この[参照整合性]とそれ以下の項目は次節で改めて解説しますので、ここではとりあえず先に進んでください。最後に[作成]をクリックします。

▼**画面9　[参照整合性]にチェックを入れる**

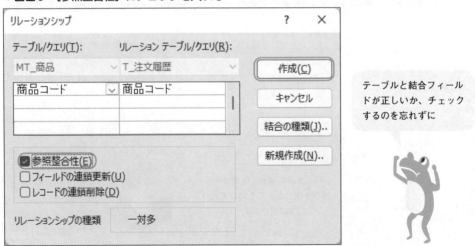

テーブルと結合フィールドが正しいか、チェックするのを忘れずに

すると、リレーションシップが作成され、画面10のように表示されます。

▼**画面10　リレーションシップが作成された**

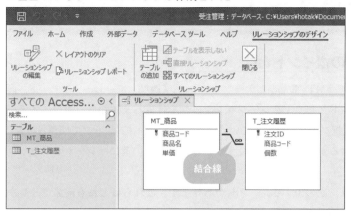

結合フィールドが
線で結ばれたぞ

　テーブル「MT_商品」のフィールド［商品コード］と、テーブル「T_注文履歴」のフィールド［商品コード］が線で結ばれます。この線はリレーションシップを表す「結合線」であり、「このテーブルのこのフィールドと、このテーブルのこのフィールドが結び付くんですよ」という意味になります。また、テーブル「MT_商品」側には「1」、テーブル「T_注文履歴」側には「∞」という文字が表示されます。この「1」と「∞」の意味についても、後ほど解説します。

　最後に［リレーションシップのデザイン］タブにある［閉じる］をクリックします（画面11）。

▼**画面11　［閉じる］をクリック**

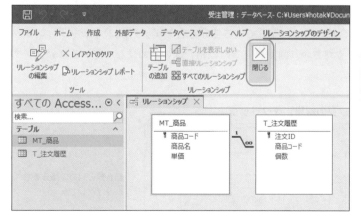

作成し終わったら「リ
レーションシップのデザ
イン」タブを閉じよう

　すると、「'リレーションシップ'のレイアウトの変更を保存しますか？」というメッセージが表示されるので、［はい］をクリックしてください。すると、「リレーションシップのデザイン」タブが閉じます。これでテーブル「MT_商品」のフィールド［商品コード］と、テーブル「T_注文履歴」のフィールド［商品コード］を関連付けるリレーションシップが作成できました。

5

リレーショナルデータベース

5-4 リレーションシップの3つのポイント

リレーションシップのポイントとは

前節では、2つのテーブル「MT_商品」とテーブル「T_注文履歴」に対し、フィールド「商品コード」を結合フィールドとして、リレーションシップを作成しました。この後、各テーブルにデータを入力し、選択クエリで検索していく中で、リレーションシップで関連付けた2つのテーブルがどう連携するか学んでいくのですが、本節ではその前にリレーションシップについて詳しく学びます。

リレーションシップには、次の3つのポイントがあります。これらはどれも前節でリレーションシップを作成するなかで登場した「リレーションシップ」ダイアログボックスにある項目です。

・参照整合性
・リレーションシップの種類
・結合の種類

ここで一度「リレーションシップ」ダイアログボックスを開き、確認してみましょう。前節でリレーションシップを作成し終わった時点では、リレーションシップウィンドウは閉じているかと思います。まずは[データベースツール]タブをクリックし、[リレーションシップ]をクリックしてください。すると、リレーションシップウィンドウが開き、前節で作成したテーブル「MT_商品」とテーブル「T_注文履歴」のリレーションシップが表示されます。

次に2つのテーブルの結合線の斜めになっている部分を右クリックし、[リレーションシップの編集]をクリックしてください（画面1）。または結合線の斜めになっている部分をダブルクリックしても構いません。

▼画面1 ［リレーションシップの編集］をクリック

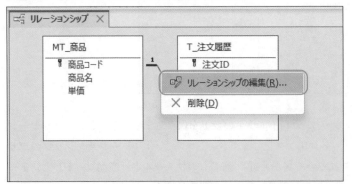

結合線の斜めの部分を右クリックしてね

　なお、水平になっている部分を右クリック（またはダブルクリック）しても、目的の操作はできないので注意してください。ちなみに右クリック→［削除］でリレーションシップを削除できます。

　すると、「リレーションシップ」ダイアログボックスが表示されます（画面2）。画面中央左よりの位置に「参照整合性」のチェックボックスがあります。「リレーションシップの種類」は一番下にあり、「一対多」と表示されています。「結合の種類」は右側に同名のボタンがあります。

▼画面2　「リレーションシップ」ダイアログボックス

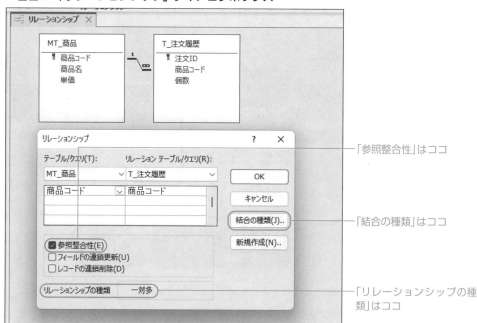

　これから、この3つのポイントを順番に解説していきます。ただ、どのポイントもデータベース初心者には難しく感じてしまうかもしれません。また、仮に3つのポイントを理解していなくとも、次節以降で解説する手順に従えば、とりあえずリレーショナルデータベースとして動かすことはできます。

　しかし、これら3つのポイントはいずれも、リレーショナルデータベースの基本といえる大切な内容になります。将来みなさんが仕事などでリレーショナルデータベースを自分で作成して利用する際、3つのポイントがわかっていないと、「リレーションシップ」ダイアログボックスにて、誤って意図とは違った設定をしてしまうかもしれません。ですから、今ここでしっかりと学んでおきましょう。

　もし、一読して理解できなければ、とりあえず次節へ進み、リレーションシップを設定したテーブルの連携を体感してから、再び本節に戻って解説を読み直すとよいでしょう。では、解説を始めます。

参照整合性

「**参照整合性**」とは、リレーションシップで関連付けたテーブル同士にて、対応していない
データの入力を防ぐ仕組みです。どういうことかというと、リレーションシップで関連付け
たテーブル同士の関係は前節のP186で学んだように、参照する側と参照される側に分類でき
るのでした。参照される側のテーブルは一般的に「マスタ」と呼ばれるのでした。参照整合
性を設定すると、参照する側のテーブルに入力するデータは、参照される側のテーブルに必
ず存在しなければならなくなるのです（図1）。

図1 参照整合性の概念図

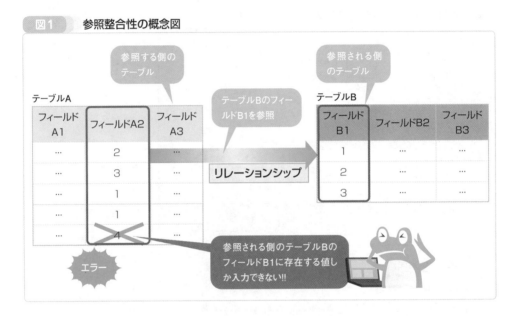

　具体例を示しましょう。サンプルのテーブル「MT_商品」とテーブル「T_注文履歴」には
リレーションシップが設定され、結合フィールドとしてフィールド「商品コード」が関連付
けられています。テーブル「MT_商品」がマスタであり、参照される側のテーブルです。参
照する側のテーブルはテーブル「T_注文履歴」になります。テーブル「T_注文履歴」のフィー
ルド「商品コード」には、注文が発生したら注文された商品の商品コードを入力します。そ
の入力された商品コードから、テーブル「MT_商品」の同じ商品コードのレコードをたどれば、
商品名や単価がわかるのでした。
　テーブル「T_注文履歴」のフィールド「商品コード」にデータを入力する際、参照整合性
が設定されていると、マスタであるテーブル「MT_商品」に存在しない商品コードのデータ
は入力できなくなります。たとえば、テーブル「MT_商品」に存在しない架空の商品コード
「A0005」を入力しようとすると、エラーメッセージが表示されます（次章で実際に試してい
ただきます）。参照整合性はこのような仕組みによって、参照される側のテーブルに存在しな
いデータが、参照する側のテーブルに誤入力されることを防ぎ、テーブル間でデータの整合
性を保つのです（図2）。

図2 サンプルにおける参照整合性の概念図

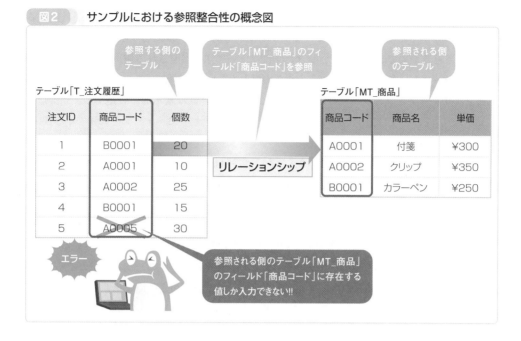

そして、存在しないデータの入力を防ぐと同時に、参照される側のデータ削除も制限されます。参照される側のテーブルのあるレコードを削除しようとした場合、参照する側のテーブルにそのレコードを参照しているレコードがあれば削除できません。このような削除に関する制限によっても、存在しないデータの入力を防ぐのです（図3）。

図3 参照される側のデータ削除も制限

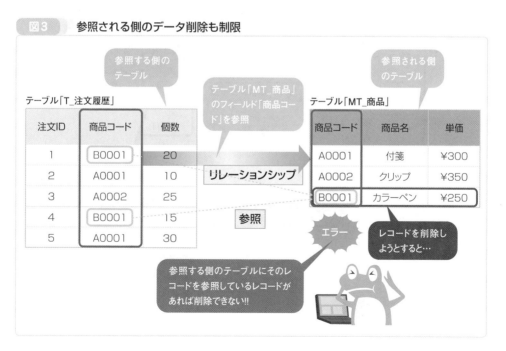

　そもそもリレーションシップを設定したのは、1つのテーブルにするとデータが重複するフィールドが出てくるので、そのようなフィールドを別テーブルに切り出し、元のテーブルから参照させるためでした。ですから、切り出したテーブル（参照される側）に存在しないデータを元のテーブル（参照する側）に入力するのはおかしい話です。

　通常はリレーションシップを設定したら、この参照整合性は基本的に設定するようにしましょう。デフォルトでは設定されていないので、［参照整合性］にチェックを入れてください。

　「リレーションシップ」ダイアログボックスで［参照整合性］にチェックを入れると、その下にある［フィールドの連鎖更新］と［レコードの連鎖削除］がアクティブになり、チェックできるようになります。これらは参照整合性のオプションになります。

　「フィールドの連鎖更新」とは、参照される側のテーブルのあるレコードにて、結合フィールドのデータが更新された際、参照する側のテーブルでそのレコードを参照しているレコードの結合フィールドの値も自動的に更新されるという仕組みです。データに変更があっても、リレーションシップを設定したテーブル同士でデータの矛盾が起きなくなります。

　たとえばサンプルの場合、テーブル「MT_商品」で1行目のレコードの商品コード「A0001」を「ア0001」に変更すると、そのレコードを参照しているテーブル「T_注文履歴」のレコードのフィールド「商品コード」も「ア0001」に自動で変更されます（図4）。

図4　「フィールドの連鎖更新」の概念図

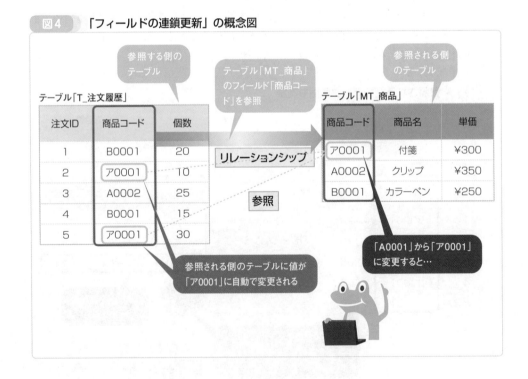

　「レコードの連鎖削除」とは、参照される側のテーブルでレコードが削除された場合、参照する側のテーブルでそのレコードを参照しているレコードも自動的に削除されるという仕組みです。たとえばサンプルの場合、テーブル「MT_商品」で1行目のレコードの商品コード「A0001」を削除すると、そのレコードを参照しているテーブル「T_注文履歴」のレコードも自動で削除されます（図5）。

図5 　「レコードの連鎖削除」の概念図

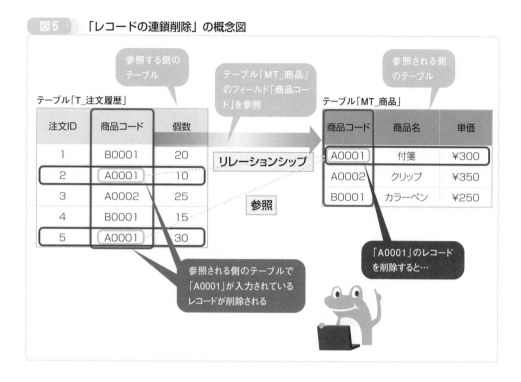

　このように「フィールドの連鎖更新」や「レコードの連鎖削除」は、マスタとなる参照される側のテーブルのデータに変更や削除があった際に適用される仕組みです。マスタのメンテナンスの際に、リレーションシップを作成した参照する側のテーブルとデータの整合性を保ちたい場合などに便利な機能です。

リレーショナルデータベース

リレーションシップの種類

「リレーションシップ」ダイアログボックスの一番下にある「リレーションシップの種類」には、現在「一対多」と表示されているはずです。また、リレーションシップウィンドウ内のテーブル「MT_商品」と「T_注文履歴」の結合線の付け根を見ると、前者には「1」、後者には「∞」と表示されています（図6）。

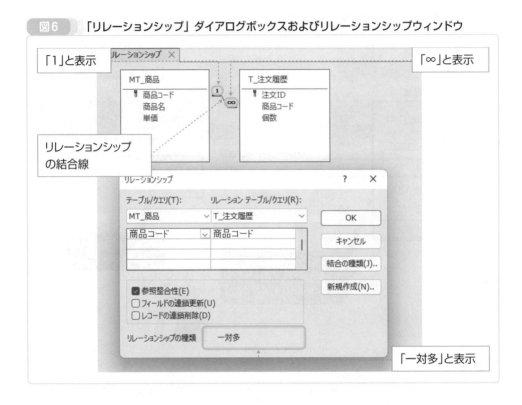

図6 「リレーションシップ」ダイアログボックスおよびリレーションシップウィンドウ

リレーションシップの種類とは、リレーションシップを設定した両テーブルの結合フィールドに格納されるデータの対応関係になります。リレーションシップの種類には「**1対多**」、「**1対1**」と「**多対多**」の3種類があります。ユーザーが自分で設定するのではなく、設定したリレーションシップの内容から該当する種類が自動で判別・表示されます。ですからみなさんが直接操作することはありませんが、リレーショナルデータベースの基本の1つなので、基礎知識として学んでおきましょう。

リレーションシップの種類は概念だけ言葉で説明されてもわかりにくいかと思いますので、具体例を提示して解説していきます。まずは「1対多」からです。

サンプルでは、何度も説明していますが、テーブル「MT_商品」とテーブル「T_履歴」は結合フィールドをフィールド「商品コード」として、リレーションシップが設定されています。ここで両テーブルに入力されるデータを考えてみましょう。テーブル「MT_商品」には、各フィールドのデータは取り扱う商品のラインナップの分だけ入力されます。同じ商品のレコー

ドが入力されることはありません。

　一方、テーブル「T_履歴」は注文が発生する度に、フィールド「商品コード」と「個数」にデータが入力されます（フィールド「注文ID」はオートナンバー型なので、連番が自動入力されます）。注文のデータなので、同じ商品が複数回注文されれば、フィールド「商品コード」にはその都度同じ商品コードのデータが入力されることになります。

　こういったケースでは、テーブル「MT_商品」のフィールド「商品コード」には同じデータは1つずつしか入力されませんが、関連付けされているテーブル「T_注文履歴」のフィールド「商品コード」には、同じデータが多数入力されます。

　このように、リレーションシップを設定した2つのテーブルにて、片方のテーブルの1つのレコードが、もう片方のテーブルの多数のレコードと関連付けられるリレーションシップの種類のことを「**1対多**」と呼びます（図7）。

図7　　「1対多」のリレーションシップの概念図

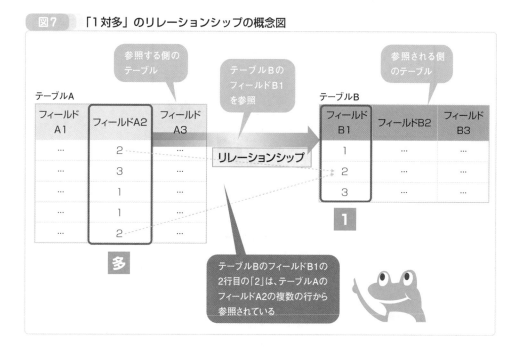

　「1対多」の関係にあるテーブルは、「リレーションシップ」ダイアログボックスに「一対多」と表示され、かつリレーションシップウィンドウでは結合線の根本に「1」側のテーブルには「1」が、「多」側のテーブルには「∞」（無限大）が表示されます。

　実際のリレーショナルデータベースでは、この「1対多」が最もよく利用されます。サンプルのように、「1」側のテーブルは参照される側のマスタとなり、もう片方の「多」側のテーブルがマスタのデータを参照しつつ、レコードを積み重ねていくのが典型的なパターンです。この場合、「1」側のテーブル（参照される側のマスタのテーブル）の結合フィールドは主キーになるのが定石です。

　それに対して、「多」側のテーブルの結合フィールドは「**外部キー**」と呼ばれます。外部キーとは、他のテーブルの主キーとなっているフィールドのことです。Accessを操作していく上では、この外部キーという言葉はほとんど登場しませんが、データベースの基本の1つなので、頭の隅に入れておくとよいでしょう（図8）。

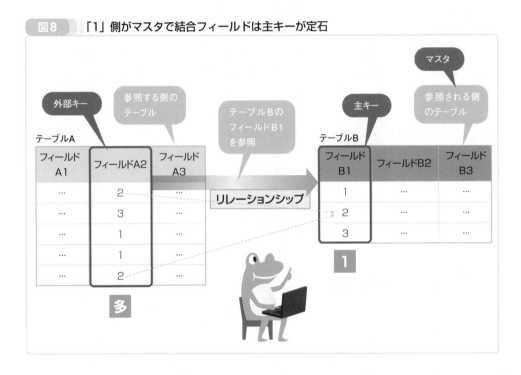

図8　「1」側がマスタで結合フィールドは主キーが定石

　「**1対1**」は2つのテーブルのフィールドが1対1で対応する関係です。重要なフィールドだけを別テーブルに分離しておきたい場合などに用いられます。

　「**多対多**」はたとえば、テーブルAとテーブルBが「1対多」の関係にあるとします。なおかつ、他のテーブルCもテーブルBと「1対多」の関係にあるとします。この場合、テーブルBを仲介して、テーブルAとテーブルCは「多対多」の関係になります。テーブルAとテーブルCが直接「多対多」で結びつくわけではありません。

● 結合の種類

　複数のテーブルを連携して、1つのテーブルとして扱えるようにする処理である結合の方法には、いくつか種類があります。たとえば、同じ2つのテーブルを用いても、結合の種類が異なれば、結合の際に両テーブルから取り出されるレコードが異なり、結合してできあがるテーブルは異なるのです。Accessでは「**内部結合**」「**左外部結合**」「**右外部結合**」の3種類の結合が利用できます。

　「**内部結合**」は2つのテーブルを結合する際、両テーブルにおいて結合フィールドに一致するデータがないレコードは無視するという結合になります（図9）。

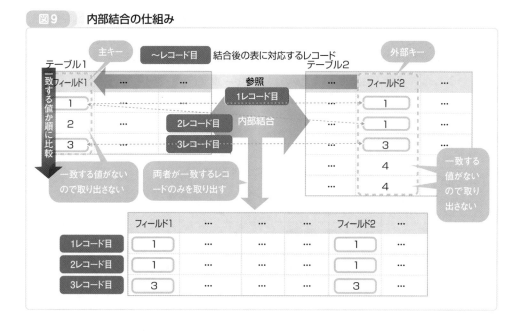

図9　内部結合の仕組み

「左外部結合」とは、結合するテーブルを横に並べた際、左側に配置されたテーブルのレコードについては、もう片方の右側に配置されたテーブルの結合フィールドとデータが一致しなくとも、無条件に取り出す結合になります。言い換えると、右側のテーブルからは、左側のテーブルの結合フィールドとデータが一致しないレコードは取り出されません（図10）。

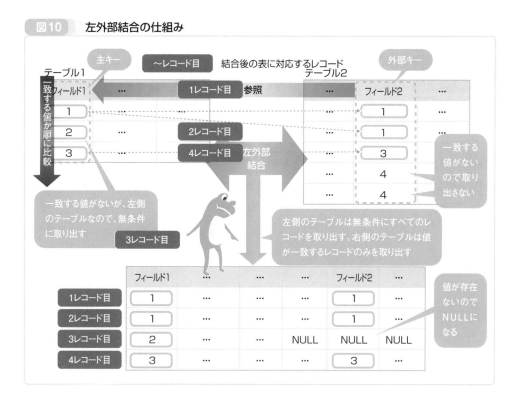

図10　左外部結合の仕組み

　「右外部結合」は「左外部結合」の左右逆になります。結合するテーブルを横に並べた際、右側に配置されたテーブルのレコードについては、もう片方の左側に配置されたテーブルの結合フィールドとデータが一致しなくとも、無条件に取り出す結合になります。言い換えると、左側のテーブルからは、右側のテーブルの結合フィールドとデータが一致しないレコードは取り出されません（図11）。

図11　右外部結合の仕組み

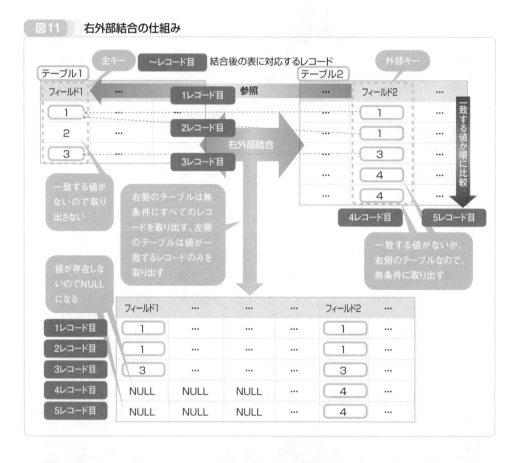

　結合の種類の設定は、「リレーション」ダイアログボックスの［結合の種類］ボタンをクリックし、「結合プロパティ」ダイアログボックスを開いて行います。次の画面は、サンプルにおける「結合プロパティ」ダイアログボックスです（画面3）。

▼**画面3** 「結合プロパティ」ダイアログボックス

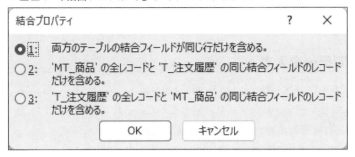

1～3の選択肢があり、設定したい結合の種類をラジオボタン（オプションボタン）で選び［OK］をクリックします。1は内部結合、2は左外部結合、3は右外部結合に該当します。1～3の選択肢の文言は、対象となるテーブルの名前や設定されたリレーションシップの内容に合わせて変わります。これらの文言を読むと、1は内部結合、2は左外部結合、3は右外部結合を意味することがわかるかと思います。

通常は内部結合を利用します。デフォルトでは内部結合に設定されています。どちらかのテーブルのレコードを無条件で取り出したい場合は、右外部結合または左外部結合を適宜選びましょう。

以上がリレーションシップの3つのポイントです。では、「結合プロパティ」ダイアログボックスの［キャンセル］をクリックして閉じてください。続けて、「リレーション」ダイアログボックスも［キャンセル］をクリックして閉じたら、次節へ進んでください。

5

リレーショナルデータベース

5-5 関連付けしたテーブルにデータを入力

データシートビューでデータ入力

前節までに、2つのテーブル「T_注文履歴」と「MT_商品」を作成し、フィールド「商品コード」を結合フィールドとしてリレーションシップを設定しました。これでテーブルまわりの作成は完了です。本節では、作成したテーブルにデータを入力します。

まずはテーブル「MT_商品」から入力しましょう。データは次の表の通りとします。5-1節の表2の繰り返しになりますが再度提示しておきます（表1）。

▼**表1　テーブル「MT_商品」に入力するデータ**

商品コード	商品名	単価
A0001	付箋	¥300
A0002	クリップ	¥350
B0001	カラーペン	¥250

この3件のレコードを
入力するよ

以上3件のレコードをAccess上で入力します。では、テーブル「MT_商品」が閉じた状態なら、ナビゲーションウィンドウの［MT_商品］をダブルクリックして開いてください。すると、データを入力できるデータシートビューでテーブル「MT_商品」が開きます。すでにテーブル「MT_商品」を開いており、デザインビューで表示しているなら、［ホーム］タブの［表示］からデータシートビューに切り替えてください。

データシートビューでのデータ入力は、3-6節（P71）で学んだ通りです。上記表の通りに3件分の商品のレコードを入力してください。入力し終わると、画面は次のような状態になります（画面1）。

▼**画面1　3件分の商品を入力**

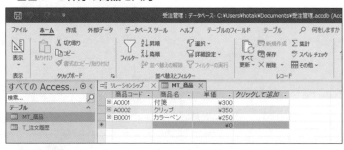

3件分のレコードを
入力するよ

1件のレコードを入力し終わると、その行の左端に［＋］が表示されたかと思います。この［＋］はテーブル［T_注文履歴］のデータ入力で利用しますので、そのまま先へ進んでください。

次にテーブル［T_注文履歴］へデータを入力します。入力するデータは次の5件分のレコードとします。5-1節の表4の繰り返しになりますが再度提示しておきます（表2）。

▼**表2　テーブル「T_注文履歴」に入力するデータ**

注文ID	商品コード	個数
1	B0001	20
2	A0001	10
3	A0002	25
4	B0001	15
5	A0001	30

この5件のレコードを
入力するよ

　とりあえず上から3件分のレコード（「注文ID」が「3」のレコード）までを入力してください（画面2）。

▼**画面2　3件分のレコードを入力**

	注文ID	商品コード	個数	クリックして追加
	1	B0001	20	
	2	A0001	10	
	3	A0002	25	
*	（新規）		0	

残りの2件のレコードは
入力をちょっと待ってね

●「サブデータシート」を使ってみよう

　残り2件のレコードですが、このまま同様に入力していってもよいのですが、ここでAccessの機能の1つ「**サブデータシート**」を利用したデータ入力を体験してみましょう。

　サブデータシートとは、あるテーブルのデータシートビュー上から、関連付けられた別のテーブルにデータを入力できる機能です。最初のテーブル「MT_商品」でレコード1件分のデータを入力し終わると、その行の冒頭に表示された［+］が、このサブデータシートを使える印になります。リレーションシップを設定すると自動で表示されるようになります。

　さっそくサブデータシートを使ってみましょう。テーブル「MT_商品」のデータシートビューに戻り、まずはフィールド「商品コード」が「B0001」である3行目のレコードの冒頭に表示されている［+］をクリックしてください（画面3）。

▼**画面3　［+］をクリック**

	商品コード	商品名	単価	クリックして追加
⊞	A0001	付箋	¥300	
⊞	A0002	クリップ	¥350	
⊞	B0001	カラーペン	¥250	
*			¥0	

「MT_商品」に切り替えた
ら、3行目のレコードのサ
ブデータシートを開くよ

　すると［+］が［-］に変わり、その下に別表が表示されます。これがサブデータシートの本体です（画面4）。

▼**画面4　サブデータシートが開いた**

| リレーションシップ ✕ | MT_商品 ✕ | T_注文履歴 ✕ |

商品コード ▾	商品名 ▾	単価 ▾	クリックして追加 ▾
⊞ A0001	付箋	¥300	
A0002	クリップ	¥350	
⊟ B0001	カラーペン	¥250	

	注文ID ▾	個数 ▾	クリックして ▾
	1	20	
*	（新規）	0	
*			¥0

サブデータシート内に
フィールド「注文ID」と
「個数」があるぞ

　サブデータシートの表には「注文ID」と「個数」という2つの列名が表示されます。実はこの2つの列は、テーブル「T_注文履歴」の「商品コード」以外のフィールドであるフィールド「注文ID」および「個数」になります。

　そもそもテーブル「MT_商品」と「T_注文履歴」はフィールド「商品コード」を連結フィールドに、リレーションシップが設定されているのでした。サブデータシートはテーブル「MT_商品」のおのおのレコードについて、このフィールド「商品コード」を基準に関連付けられているテーブル「T_注文履歴」のレコードを表示したり、データを入力・変更したりできるのです。先ほど開いた「商品コード」が「B0001」のレコードのサブデータシートをよくみると、「注文ID」は「1」で「個数」は「20」となっており、テーブル「T_注文履歴」の1行目で入力したレコードのデータになっているのが確認できるかと思います（図1）。

図1　サブデータシート

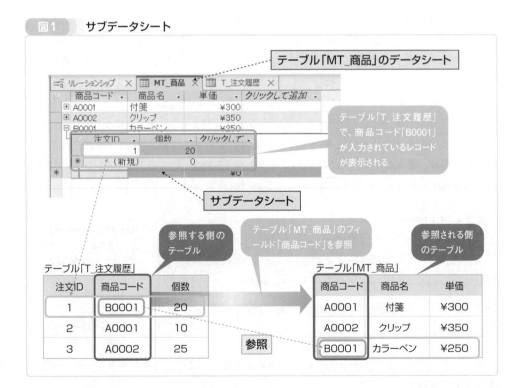

では、「商品コード」が「B0001」のレコードのサブデータシートからデータを入力してみましょう。表2は4行目以降のレコードがまだ未入力ですが、4行目のレコードは「商品コード」が「B0001」になっています。このレコードを、現在開いている「商品コード」が「B0001」のレコードのサブデータシートから入力します。

「注文ID」はオートナンバー型なので入力作業は不要です。フィールド「個数」のセルをサブデータシート上でクリックして、「15」という数値を入力してください。入力後は必ず[Enter]キーを押して、確定してください。フィールド「個数」を入力後、フィールド「注文ID」が自動で入力されます。現在テーブル「T_注文履歴」には3件のレコードが入力されているので、サブデータシートから新規に追加したレコードのフィールド「注文ID」は「4」になります（画面5）。

▼**画面5 サブデータシートに入力**

「個数」に入力すると、「注文ID」が自動で入力されるよ

ここで一度テーブル「T_注文履歴」のデータシートビューに戻り確認してみましょう。テーブル「T_注文履歴」のデータシートビューに切り替えただけでは、先ほどサブデータシートで入力した内容は反映されていません。[ホーム]タブの[すべて更新]をクリックすると反映されます（画面6）。

▼**画面6 [すべて更新]をクリック**

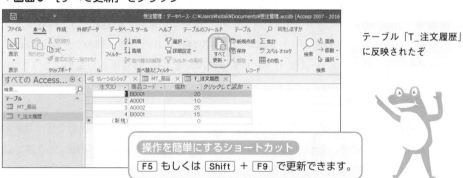

テーブル「T_注文履歴」に反映されたぞ

操作を簡単にするショートカット
[F5]もしくは[Shift]+[F9]で更新できます。

残りのデータである表2の5行目のレコードも練習を兼ねて、サブデータシートから入力してみましょう。

まずはテーブル「MT_商品」のデータシートビューに切り替えてください。5行目のレコードは「商品コード」が「A0001」なので、今度はフィールド「商品コード」が「A0001」となっている1行目のレコードのサブデータシートを開いてください。そして、フィールド「個数」に「30」という数値を入力してください。フィールド「注文ID」が自動で入力されます（画面7）。

5

リレーショナルデータベース

▼**画面7　5件目のレコードをサブデータシートから入力**

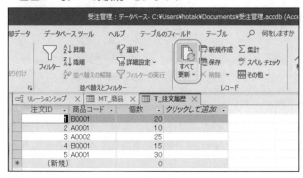

今度は「A0001」のサブ
データシートを使うのね

テーブル「T_注文履歴」のデータシートビューに戻り、［ホーム］タブの［すべて更新］
をクリックすれば、サブデータシート上で入力した5件目のレコードが反映されます（画面8）。

▼**画面8　［すべて更新］をクリック**

テーブル「T_注文履歴」
に反映されたぞ

　サブデータシートはサンプルで体験していただいたように、リレーションシップが設定さ
れた複数テーブルにおいて、「1対多」の「1」側のテーブルで利用できます。「1」側のテーブ
ルにあるレコードのサブデータシートを開くと、関連付けられた「多」側のテーブルの複数
のレコードが表示されたり入力・変更できたりするのは、まさに「1対多」の関係になります。

参照整合性を試してみる

　2つのテーブル「T_注文履歴」と「MT_商品」へのデータ入力は以上です。次節で2つのテー
ブルに入力されたデータを、選択クエリで検索する方法を解説しますが、その前に5-3節で設
定した参照整合性を実際に試してみましょう。5-3節の繰り返しになりますが、参照整合性と
は、参照される側のテーブルに存在しないデータは、参照される側のテーブルには入力でき
ないという制限を設ける機能です。

　では、試しにテーブル「T_注文履歴」のデータシートビューにて、5行目のレコードのフィー
ルド「商品コード」のデータを「A0005」と変更してください。この「A0005」というデータ
は、参照先のテーブル「MT_商品」のフィールド「商品コード」には存在しないデータです。

　「A0005」と変更したら、他の行をクリックして別のレコードに移ろうとしてください。す
ると、画面9のようなエラーメッセージが表示されます。

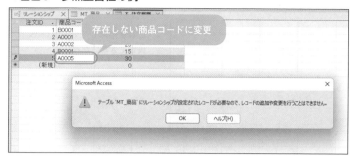

▼画面9　参照整合性の例

テーブル「MT_商品」に
ないデータを入力しよ
うとしたら、エラーメッ
セージが表示された!!

　このように参照整合性を設定したことで、参照先のテーブル「MT_商品」のフィールド「商品コード」に存在しないデータを、参照する側のテーブル「T_注文履歴」のフィールド「商品コード」に入力するという矛盾を防げるようになります。

　では、エラーメッセージを閉じ、試しに変更した「A0005」を元の「A0001」に戻しておいてください。

ルックアップ

　ルックアップとは、あるフィールドを入力する際、入力値を他のテーブルから取得し、コンボボックスに一覧表示する機能です。ユーザーはコンボボックスから選ぶだけで、データを入力できるようになります。

　本コラムでは、「受注管理」データベースでルックアップを設定する方法を解説します。なお、みなさんがご自分で試す際は、今まで用いてきた「受注管理」データベースに対して設定すると、次章以降の学習で食い違いが生じてしまうので、「受注管理」データベースを別途コピーしたものをお使いください。

　では、ルックアップの解説をはじめます。ここで設定するルックアップは、テーブル「T_注文履歴」のフィールド「商品コード」をコンボボックスから選んで入力できるようにします。コンボボックスに表示される入力値は、テーブル「MT_商品」から取得するとします。

　いきなりややこしいのですが、テーブル「T_注文履歴」とテーブル「MT_商品」は、フィールド「商品コード」を結合フィールドにリレーションシップが設定されているのですが、ルックアップはAccessのルール上、すでにリレーションシップが存在すると設定できません。ですから、まずは既存のリレーションシップを削除する必要があります。

　まずは[データベースツール]タブの[リレーション]をクリックしてリレーションシップウィンドウを開き、テーブル「T_注文履歴」とテーブル「MT_商品」の結合線を右クリック➡[削除]を実行して、リレーションシップを削除してください（画面1）。

5

リレーショナルデータベース

▼**画面1 リレーションシップを削除**

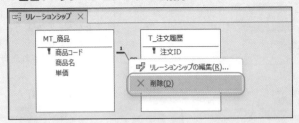

これを削除しておかないと、設定できないからね

　ルックアップはウィザードを使って設定します。テーブル「T_注文履歴」を開き、デザインビューに切り替えてください。そして、フィールド「商品コード」の「データ型」のセルをクリックし、ドロップダウンから [ルックアップウィザード] をクリックしてください（画面2）。

▼**画面2 「データ型」から[ルックアップウィザード]を選ぶ**

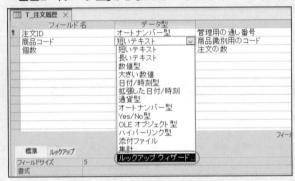

「データ型」のドロップダウンからルックアップウィザードを開くよ

　すると「ルックアップウィザード」が起動します。[ルックアップフィールドの値を別のテーブルまたはクエリから取得する] をオンにして、[次へ] をクリックしてください。すると、画面3のようにルックアップ列の元となるテーブルを選択する画面が表示されます。一覧から [テーブル:MT_商品] を選び、[次へ] をクリックしてください。

▼**画面3 [テーブル:MT_商品]を選び[次へ]をクリック**

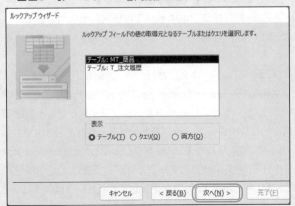

コンボボックスに表示される選択肢の元となるテーブルを指定しているんだよ

　続けて、ルックアップ列の元となるフィールドを指定します。「選択可能なフィールド」
から［商品コード］を選び［＞］をクリックし、「選択したフィールド」に追加したら、［次
へ］をクリックしてください（画面4）。

▼**画面4　「商品コード」を追加して［次へ］をクリック**

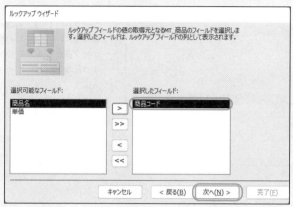

コンボボックスに表示さ
れる選択肢の元となる
フィールドを指定してい
るんだよ

　すると、コンボボックスのリストの項目の並べ替え順を指定する画面が表示されます。
ドロップダウンから［商品コード］を選び、デフォルトの［昇順］の設定のまま［次へ］
をクリックしてくだい。続けて列幅を指定する画面が表示されるので、そのまま［次へ］
をクリックしてください。
　最後にルックアップ列に付けるラベルを指定する画面が表示されます。「商品コード」
と自動で入力されるので、そのまま［完了］をクリックしてください（画面5）。

▼**画面5　［完了］をクリック**

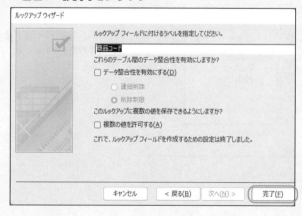

ラベルは自動で入力
されるよ

　これでウィザードは終了です。テーブルの保存を求めるメッセージが表示されるので、
［はい］をクリックしてください。これでルックアップの設定は完了です。

　では、さっそく完成形を見てみましょう。データシートビューに切り替え、フィールド「商
品コード」のセルをクリックすると、［▼］が表示されるのでクリックしてください。

　すると、画面6のようにコンボボックスが表示され、テーブル「MT_商品」にあるフィールド「商品コード」のデータがリスト表示されます。目的のデータを選べば入力できます。以上がルックアップの設定方法、および使い方になります。

▼**画面6　ルックアップの例**

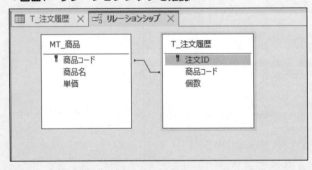

テーブル「T_注文履歴」の商品コードがコンボボックスから入力できるようになった!!

　実はルックアップを設定すると、裏でリレーションシップが自動で設定されます。ルックアップの正体はリレーションシップと同じなのです。よくよく考えると、テーブル「T_注文履歴」のフィールド「商品コード」をコンボボックスから入力するにあたり、テーブル「MT_商品」のフィールド「商品コード」のデータを参照しにいっているわけですから、まさにリレーションシップになります。試しにリレーションシップウィンドウを開くと、画面7のようにリレーションシップが設定されていることが確認できます。

▼**画面7　リレーションシップを確認**

リレーションシップが自動で設定されるんだね

5-6 関連付けした2つの テーブルから検索しよう

複数のテーブルから検索するには

　2つのテーブル「T_注文履歴」と「MT_商品」を作成してリレーションシップを設定し、データを入力し終わったところで、これら関連付けした2つのテーブルから検索する選択クエリの作成方法を解説します。

　4章で学んだ選択クエリはテーブルが1つしか登場しませんでしたが、本節ではテーブルが2つ登場します。4章の方法と大きく変わるのは基本的にこの点だけです。デザイングリッド上で2つのテーブルからそれぞれフィールドを適宜指定して、選択クエリを作成することになります。あとは選択クエリを実行すれば、設定されているリレーションに基づき、両テーブルのレコードが関連付けられて検索されます。最初にテーブル同士にリレーションシップを設定しておけば、以降はAccessが関連付けを実行してくれるのです（図1）。

5

図1 関連付けした2つのテーブルで検索のイメージ図

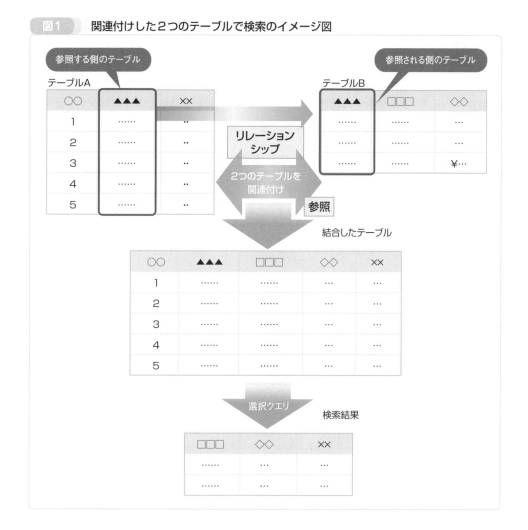

ここで4章で学んだ選択クエリ作成の基本を思い出してください。目的の選択クエリを作成するにあたり、下記の①～④を事前に決めるのでした。

① **条件の対象となるフィールド**
② **条件の内容**
③ **抽出の対象となるフィールド**
④ **演算フィールド**

複数のテーブルから検索する選択クエリを作成する場合、最初に対象となるテーブルを選ぶという作業が必要になります。したがって、ステップは1つ増えて5段階となります。まとめると下記のようになります。

① **対象となるテーブル**
② **条件の対象となるフィールド**
③ **条件の内容**
④ **抽出の対象となるフィールド**
⑤ **演算フィールド**

複数のテーブルから検索する選択クエリの作成は、実際に体験した方が理解が早いと思いますので、さっそく作成してみましょう。

● もともとの注文データの表の形式で出力

最初のお題目は、2つのテーブル「T_注文履歴」と「MT_商品」に格納されているデータを使い、もともと管理していた表1の注文のデータの表を選択クエリで作ります。言い換えると、テーブル「T_注文履歴」と「MT_商品」のすべてのレコードを検索し、表1の注文データの表と同じ形式で出力することになります。

▼**表1　もともとの注文データの形式の表を得る（注文のデータ）**

注文ID	商品コード	商品名	単価	個数
1	B0001	カラーペン	¥250	20
2	A0001	付箋	¥300	10
3	A0002	クリップ	¥350	25
4	B0001	カラーペン	¥250	15
5	A0001	付箋	¥300	30

そういえば、最初はこの表でデータを管理していたんだよね

そもそもこの表1の注文のデータがあり、重複する「商品コード」と「商品名」と「単価」を切り出して、テーブル「MT_商品」としたのでした。そして、残った「注文ID」と「個数」に、テーブル「MT_商品」と関連付けるために「商品コード」を加え、テーブル「T_注文履歴」としたのでした。

　テーブルにデータを格納するなら、2つのテーブルに分離した方が重複がなくてよいのですが、注文のデータの管理をするなら、もともとの表の形式の方が見た目もわかりやすいでしょう。そこで、検索によってこれら分離した2つのテーブルからもともとの表と同じ形式でデータを出力する選択クエリを作成します（図2）。

図2　お題目でやろうとしていること

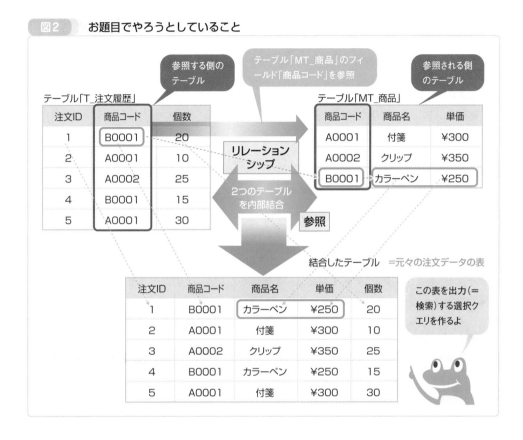

　まずは作成に先だって、選択クエリ作成の基本①〜⑤を決めましょう。「① 対象となるテーブル」はテーブル「T_注文履歴」とテーブル「MT_商品」の2つです。「② 条件の対象となるフィールド」と「③ 条件の内容」ですが、今回はすべてのレコードを検索することになるので、②も③も設定なしとなります。

　「④ 抽出の対象となるフィールド」はすべてのフィールドを検索するということで、すべてのフィールドが対象になります。具体的にはフィールド「注文ID」と「個数」はテーブル「T_注文履歴」、フィールド「商品名」と「単価」はテーブル「MT_商品」から指定します。結合フィールドであるフィールド「商品コード」は両方のテーブルにありますが、今回は表1の形式で出力するということで、「商品コード」のデータが元の表とが同じ並びとなっているテーブル「T_注文履歴」から指定するとします。

　残りの「⑤ 演算フィールド」は、今回は演算処理はしないので、何の演算式も指定しません。以上をまとめると、次のようになります。

5

リレーショナルデータベース

① **対象となるテーブル**

　・T_注文履歴

　・MT_商品

② **条件の対象となるフィールド**

　なし

③ **条件の内容**

　なし

④ **抽出の対象となるフィールド**

　・注文ID　　　　　（T_注文履歴）

　・商品コード　　　（T_注文履歴）

　・商品名　　　　　（MT_商品）

　・単価　　　　　　（MT_商品）

　・個数　　　　　　（T_注文履歴）

⑤ **演算フィールド**

　なし

　では、①〜⑤に従い、Access上で選択クエリを組み立てていきましょう。［作成］タブの［クエリデザイン］をクリックし、デザインビューを開いてください。すると、「テーブルの追加」作業ウィンドウには、2つのテーブル「T_注文履歴」と「MT_商品」が表示されます（画面1）。

▼**画面1　「T_注文履歴」と「MT_商品」が表示される**

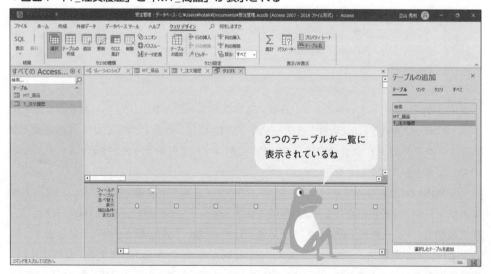

　「① 対象となるテーブル」で決めたように、この2つのテーブルを対象とするので、両方ともデザインワークスペースに加えます。Ctrlキーを押しながら2つのテーブルをクリックし、両者を選択したら［選択したテーブルを追加］をクリックしてください（画面2）。

▼**画面2 2つのテーブルを選択し［選択したテーブルを追加］をクリック**

Ctrl キーを押しながら
クリックすれば同時に
選べるよ

　これで2つのテーブルがデザインワークスペースに追加されました。［閉じる］をクリック
して「テーブルの追加」作業ウィンドウを閉じてください。なお、おのおののテーブルを順
番に選択して［選択したテーブルを追加］をクリックして、1つずつ追加しても構いません。
　デザインワークスペース上に追加されたテーブル「T_注文履歴」とテーブル「MT_商品」
には、リレーションシップウィンドウと同様にリレーションシップの結合線が表示されます。
結合フィールドであるフィールド「商品コード」が結ばれ、「1対多」を表す「1」と「∞」も
付いています（画面3）。

▼**画面3 デザインワークスペース上の2つのテーブル**

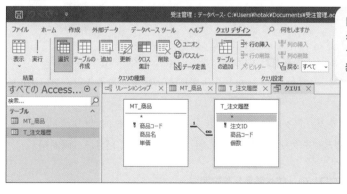

「1」や「∞」とかが表示さ
れなければ、テーブルをド
ラッグして少し移動すれば
表示されるよ

　「② 条件の対象となるフィールド」と「③ 条件の内容」は何も指定しないので、「④ 抽出
の対象となるフィールド」の指定を行います。先ほど決めたように、テーブル「T_注文履歴」
のフィールド「注文ID」と「商品コード」と「個数」、テーブル「MT_商品」のフィールド「商
品名」と「単価」を指定します。

5

リレーショナルデータベース

それぞれテーブルからデザイングリッドへ各フィールドをドラッグ&ドロップしてください。合わせて、フィールドの並びを表1と同じにしてください。デザイングリッド上に配置された各フィールドの「テーブル」の行を見ると、それぞれが属するテーブルの名前が自動で入力されていることが確認できるかと思います（画面4）。

▼**画面4** ④抽出の対象となるフォールドを追加

フィールド:	注文ID	商品コード	商品名	単価	個数
テーブル:	T_注文履歴	T_注文履歴	MT_商品	MT_商品	T_注文履歴
並べ替え:					
表示:	☑	☑	☑	☑	
抽出条件:					
または:					

フィールドをドラッグ&ドロップ
して並べ替えよう

④の作業は以上です。「⑤ 演算フィールド」は何も指定しないので、お題目の選択クエリの作成は一通り終わりです。とりあえず［クエリデザイン］タブの［実行］をクリックして実行してみましょう。すると、次のような検索結果が得られるかと思います（画面5）。

▼**画面5** 検索結果

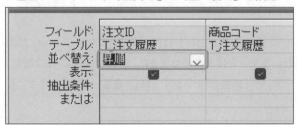

注文ID	商品コード	商品名	単価	個数
2	A0001	付箋	¥300	10
5	A0001	付箋	¥300	30
3	A0002	クリップ	¥350	25
1	B0001	カラーペン	¥250	20
4	B0001	カラーペン	¥250	15
*	(新規)			

あれ？ レコードの
並びがバラバラだぞ

元の表1のようにフィールド「注文ID」の順ではなく、結合フィールド「商品コード」の順に並んで表示されています。では、フィールド「注文ID」の順に並ぶよう設定を追加してやりましょう。

［ホーム］タブの［表示］をクリックしてデザインビューに戻り、デザイングリッドのフィールド「注文ID」の「並べ替え」をクリックして、［昇順］を指定してください（画面6）。

▼**画面6** フィールド「注文ID」の「並べ替え」を設定

フィールド:	注文ID	商品コード
テーブル:	T_注文履歴	T_注文履歴
並べ替え:	昇順	
表示:	☑	☑
抽出条件:		
または:		

［昇順］に設定してね

　再び［デザイン］タブの［実行］をクリックして選択クエリを実行すれば、今度は元の表1のようにフィールド「注文ID」の順に並んでレコードが表示されます（画面7）。

▼**画面7　検索結果**

今度は表1とまったく
同じになったぞ

　このように選択クエリによって、リレーションシップを設定した2つのテーブル「T_注文履歴」と「MT_商品」から、元の表1の形式でレコードを検索・出力できました。

　それぞれのレコードを見ると、テーブル「T_注文履歴」のフィールド「商品コード」のデータに応じて、テーブル「MT_商品」から対応するレコードのフィールド「商品名」とフィールド「単価」のデータが取り出されています。「商品コード」を結合フィールドとして両テーブルを関連付けているため、このような2つのテーブルの連携が可能となるのです（図3）。

図3　　お題目の図解

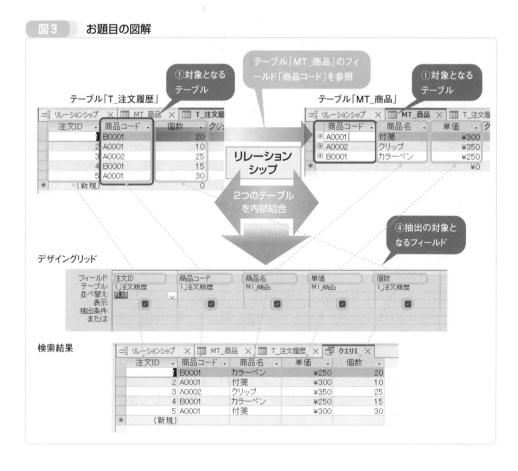

5

リレーショナルデータベース

最後に［上書き保存］をクリックして、このクエリを保存しましょう。クエリ名ですが、注文データの一覧ということで、「注文一覧」という言葉を用います。そして、テーブルと同様に、先頭にどのようなオブジェクトなのかわかるよう、アルファベットを付けましょう。クエリ（Query）ということで「Q_」と付けます。テーブル名と同じく、Accessのルールとして必要なものではなく、オブジェクトの種類をわかりやすくする目的で、著者が独自に付けたものになります。

「名前を付けて保存」ダイアログボックスが表示されたら、「Q_注文一覧」と入力して［OK］をクリックしてください。これでクエリが保存され、ナビゲーションウィンドウの「すべてのAccessオブジェクト」に表示されます（画面8）。

▼**画面8　保存されたクエリ「Q_注文一覧」**

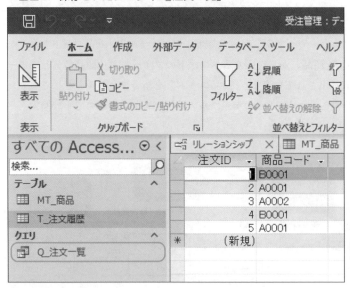

この［Q_注文一覧］をダブルクリックすれば、いつでも表1の形式でデータが得られるぞ

抽出条件や演算フィールドはどう使うの？

先ほど作成したクエリ「Q_注文一覧」では、デザイングリッドのフィールド「注文ID」にて、「並び替え」を設定しました。このようにリレーションシップを設定した複数のテーブルから検索する選択クエリでも、4章で学んだ単一のテーブルの場合と同様に、並び替えや抽出条件や演算フィールドなどを設定できます。

例として、先ほど作成した選択クエリ「Q_注文一覧」に、抽出条件や演算フィールドを追加したものを2つ紹介します。なお、みなさんがお手元のAccessで試す場合、クエリ「Q_注文一覧」は最初に保存した状態のものを次章以降でも使うので、［上書き保存］をクリックしないでください。変更したクエリを保存しておきたければ、［ファイル］タブの［名前を付けて保存］の［オブジェクトに名前を付けて保存］で別のクエリとして保存してください（画面9）。

▼画面9 ［名前を付けてオブジェクトを保存］コマンド

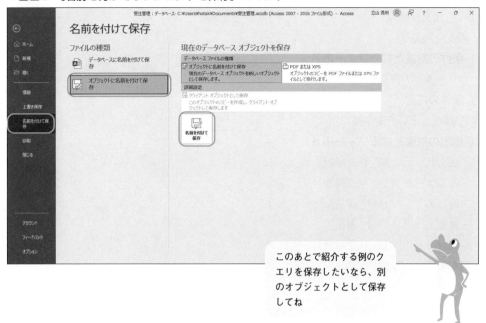

> このあとで紹介する例のクエリを保存したいなら、別のオブジェクトとして保存してね

【例1】 商品コードが「A0001」であるレコードのすべてのフィールドを検索

　まずは例によって、選択クエリ作成の基本①～⑤を決めましょう。「① 対象となるテーブル」はテーブル「T_注文履歴」とテーブル「MT_商品」の2つです。「② 条件の対象となるフィールド」と「③ 条件の内容」ですが、今回は「商品コードが『A0001』のレコードのみ」ということで、②はフィールド「商品コード」、③は「A0001」という文字列になります。

　「④ 抽出の対象となるフィールド」はすべてのフィールドを検索するということで、すべてのフィールドが対象になります。先ほどと同様に、フィールド「注文ID」と「個数」はテーブル「T_注文履歴」、フィールド「商品名」と「単価」はテーブル「MT_商品」から指定します。結合フィールドであるフィールド「商品コード」は両方のテーブルにありますが、今回は表1の形式で出力するということで、テーブル「T_注文履歴」から指定するとします。

　残りの「⑤ 演算フィールド」は、今回は演算処理はしないので、何の演算式も指定しません。以上をまとめると、次のようになります。

① 対象となるテーブル

　　・T_注文履歴

　　・MT_商品

② 条件の対象となるフィールド

　　フィールド「商品コード」

③ 条件の内容

　　「A0001」という文字列

④ 抽出の対象となるフィールド

　　・注文ID　　　（T_注文履歴）

　　・商品コード　（T_注文履歴）

　　・商品名　　　（MT_商品）

　　・単価　　　　（MT_商品）

　　・個数　　　　（T_注文履歴）

⑤ 演算フィールド

　　なし

　②と③を指定するには、単一のテーブルの場合と同様に、デザイングリッドのフィールド「商品コード」の「抽出条件」の行に「A0001」という文字列を指定すればOKです（画面10）。

▼**画面10　抽出条件を指定**

「A0001」という文字列を
入力してね

　この選択クエリを実行すると、画面11のような検索結果が得られます。意図通り、商品コードが「A0001」のレコードのみが検索・表示されています。

▼**画面11　検索結果**

注文ID	商品コード	商品名	単価	個数
2	A0001	付箋	¥300	10
5	A0001	付箋	¥300	30
（新規）				

商品コードが「A0001」のレコード
だけが検索されたぞ！

この検索結果が得られる仕組みは、2つのテーブルを結合したテーブルに対して、商品コードが「A0001」のレコードのすべてのフィールドを検索した、と考えるとわかりやすいかと思います（図4）。

図4　お題目の図解

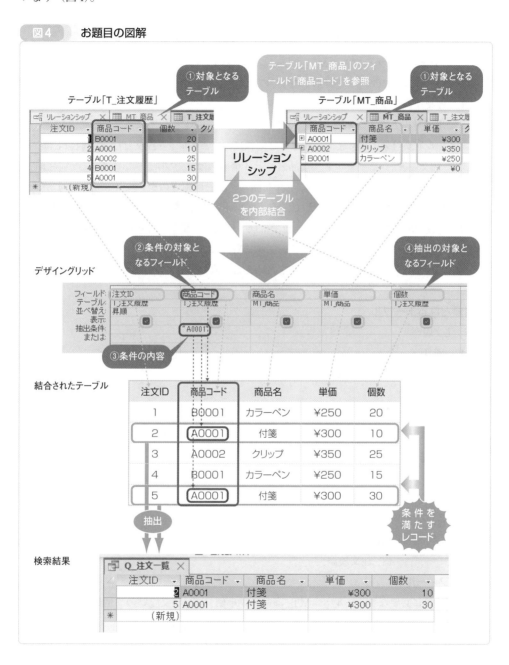

> 【例2】 単価×個数で算出する「小計」の演算フィールドを追加し、すべてのレコード
> のすべてのフィールドを検索

　まずは選択クエリ作成の基本①〜⑤を決めましょう。「① 対象となるテーブル」はテーブル「T_注文履歴」とテーブル「MT_商品」の2つです。「② 条件の対象となるフィールド」と「③ 条件の内容」ですが、今回はすべてのレコードを検索することになるので、②も③も設定なしとなります。

　「④ 抽出の対象となるフィールド」はすべてのフィールドを検索するということで、すべてのフィールドが対象になります。先ほどと同様に、フィールド「注文ID」と「個数」はテーブル「T_注文履歴」、フィールド「商品名」と「単価」はテーブル「MT_商品」から指定します。結合フィールドであるフィールド「商品コード」は両方のテーブルにありますが、今回は表1の形式で出力するということで、テーブル「T_注文履歴」から指定するとします。

　残りの「⑤ 演算フィールド」は、今回は単価×個数で算出する「小計」を追加します。したがって、演算に必要なフィールドはテーブル「MT_商品」の「単価」と、テーブル「T_注文履歴」の「個数」になります。以上をまとめると、次のようになります。

① 対象となるテーブル
　・T_注文履歴
　・MT_商品

② 条件の対象となるフィールド
　なし

③ 条件の内容
　なし

④ 抽出の対象となるフィールド
　・注文ID　　　　（T_注文履歴）
　・商品コード　　（T_注文履歴）
　・商品名　　　　（MT_商品）
　・単価　　　　　（MT_商品）
　・個数　　　　　（T_注文履歴）

⑤ 演算フィールド
　小計（演算に必要なフィールド：MT_商品の「単価」、T_注文履歴の「個数」）

　複数のテーブルから検索する選択クエリでは、演算フィールドに用いるフィールドの指定が単一のテーブルの場合と異なるので注意してください。テーブルが複数あるので、どのテーブルのフィールドなのか指定する必要があるのです。書式は次の通りです。

書 式

[テーブル名.フィールド名]

　4章で学んだ書式「[フィールド名]」のフィールド名の前に、「テーブル名.」という記述が加わっています。このようにテーブル名と「.」(ピリオド) を続けて記述することで、どのテーブルなのか指定できます。

　以上を踏まえ、単価×個数で算出する「小計」の演算フィールドを指定します。単価はテーブル「MT_商品」のフィールドなので、「[MT_商品.単価]」と記述すればOKです。同様に個数はテーブル「T_注文履歴」のフィールドなので、「[T_注文履歴.個数]」と記述すればOKです。掛け算を行う算術演算子は「*」でした。以上を踏まえると、単価×個数で小計を算出するには、次のように記述します。

[MT_商品.単価]*[T_注文履歴.個数]

　今回、表示するフィールド名は「小計」とします。4章で学んだように、上記式の前に「:」と共に記述します。

小計:[MT_商品.単価]*[T_注文履歴.個数]

　この記述をデザイングリッドの「フィールド」の行の右端のセルに指定します。記述が少々長いので、ズーム機能 (4-6節コラムP127参照) を利用するとよいでしょう (画面12)。

▼**画面12　ズーム機能を利用して演算フィールドを設定**

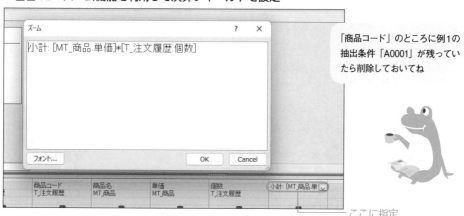

「商品コード」のところに例1の抽出条件「A0001」が残っていたら削除しておいてね

ここに指定

この選択クエリを実行すると、画面13のような検索結果が得られます。意図通り、単価×個数で算出する「小計」の演算フィールドが追加されました（図5）。

▼**画面13　検索結果**

「小計」の演算フィールドが追加されたぞ

図5　お題目の図解

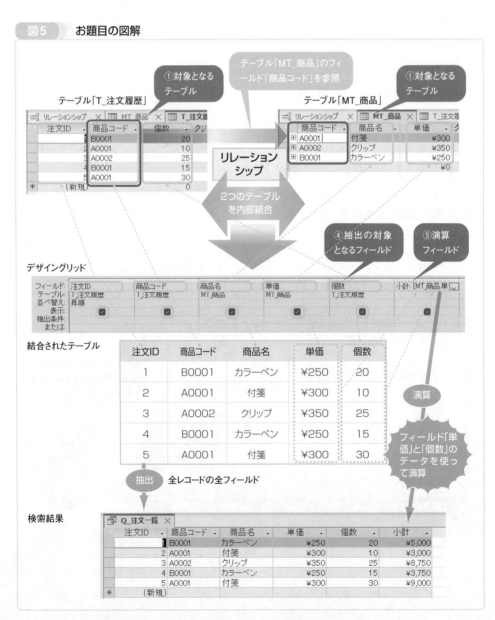

本節の例ではすべてのフィールドを抽出対象にしましたが、もちろん抽出対象のフィールドをいろいろ組み合わせたり並び替えたりしてもOKです。さらには抽出条件や演算フィールドをいろいろ設定することで、リレーションシップを設定した複数のテーブルから多彩な検索が可能となります。

コラム

データベースのバックアップ

　すでに紹介したように、Accessではデータベースを1つのファイルとして、ハードディスク上に保存します。そのため、たとえばハードディスクがクラッシュしてしまうと、データベースすべてが消滅してしまいます。また、誤ってレコードを削除してしまうなど、やり直しがきかないミスをしてしまった際、元の状態に戻せません。

　そのような事態を避けるために、データベースファイルを外付けハードディスクなど、現在保存しているのとは別の場所に定期的に保存することをオススメします。バックアップの方法ですが、基本的には通常のファイルのバックアップと同じになるので、Accessのデータベースファイルをそのままバックアップ先へコピーすればOKです。

　また、Accessにはデータベースのバックアップ機能が用意されています。[ファイル]タブの[名前を付けて保存]にて、[データベースに名前を付けて保存]を選び、[データベースのバックアップ]をダブルクリックします（画面1）。

　すると、「名前を付けて保存」ダイアログボックスが表示されます。「ファイル名」には、「データベース名＋日付」という形式のファイル名が自動で入力されます。保存先のフォルダを指定し、[保存]をクリックすれば、バックアップできます（画面2）。

　このように本機能は、いつの時点のデータベースファイルなのかがわかるファイル名が自動で設定されるので、より少ない手間でデータベースファイルのバックアップおよび世代管理ができるのが特徴です。

▼**画面1**　[データベースのバックアップ]をダブルクリック

▼**画面2**　[保存]をクリック

5

リレーショナルデータベース

コラム

「オプション」画面によるAccessのカスタマイズ

Accessの「Accessのオプション」画面では、さまざまな設定が行えます（画面1）。同画面を開くには、［ファイル］タブの［オプション］をクリックしてください。画面左側にカテゴリが一覧表示されるので、クリックして選択すると、画面右側にそのカテゴリの設定項目が表示されます。以下、代表的なカテゴリを紹介します。

ステータスバーの表示/非表示、データベースを閉じる際に最適化するなどの設定が行えます。また、レイアウトビューの使用やデータシートビューでのテーブルデザインの変更の可能/不可能も設定できます。これらの項目を無効化して不可能にすることで、不用意な操作によるテーブルやフォームの破壊を防げます。

テーブルやクエリにを作成する際の設定をカスタマイズできます。テーブルならフィールドの既定のデータ型、クエリならテーブル名を表示するかどうかなどを設定できます（画面2）。また、フォーム（6章参照）やレポート（7章参照）の設定も行えます。

動作など細かいカスタマイズが行えます（画面3）。たとえば、データ入力において、Enterキーを押した際に次のフィールドへ移動するのか、次のレコードへ移動するのか、移動しないのかを選べます。また、方向キーの動作や、最近使用したドキュメントに一覧表示する数、印刷の余白なども変更できます。

他のカテゴリだと、「データシート」カテゴリでは文字や枠線や背景色などデータシートの表示をカスタマイズできたり、「文章校正」カテゴリではオートコレクト関連の設定ができたり、「リボンのユーザー設定」カテゴリではリボンの各タブのボタンの構成を変更できたりするなど、さまざまなカスタマイズができます。［セキュリティセンター］カテゴリの設定については、3-2節末のコラム（P43）を参照してください。

▼**画面1** 「現在のデータベース」カテゴリ

▼**画面2** 「オブジェクトデザイナー」カテゴリ　　　▼**画面3** 「クライアントの設定」カテゴリ

第 **6** 章

フォームで
データを入力

本章では、データベースへデータを入力する画面である「フォーム」を作成・使用する方法を学びます。リレーショナルデータベースの本筋とは外れる機能となりますが、ユーザーの操作をより便利にできる重要な機能なので、これまで同様しっかりと学びましょう。

6-1 フォームの基本

●フォームとは

　「**フォーム**」とは、テーブルへデータを入力する専用の画面です。Accessでは、ユーザーがフォームを自由に作成して利用できます。

　テーブルへのデータ入力といえば、みなさんには3章や5章で体験していただいたように、データシートビューで行えます。データシートビューは表計算ソフトと同じ感覚で気軽にデータ入力できますが、もしフィールドの数が増えた場合、横にスクロールしていきながら入力しなければならないなど、何かと不都合な面も出てきます。またフィールドの編集もできてしまうため、誤ってフィールドを変更してしまう恐れもあります。フォームを利用すれば、データを便利かつ安心して入力できる画面を柔軟に作れます（図1）。

　また、Accessで仕事用など何かしらのアプリケーションを作成し、Accessの操作に不慣れな別のユーザーに使ってもらうケースは多々あります。その場合、フォームを用意しておけば、Accessに不慣れなユーザーにとってデータシートビューを使うよりも、手軽にわかりやすくデータを入力できるユーザーインターフェースを作れます（画面1）。

　そして、5章のサンプルのようにテーブルを複数用意してリレーションシップで関連付けている場合、1つのフォームの画面上で複数のテーブルのフィールドを連携させてデータを入力したり、まとめてデータを入力したりすることも可能です。

図1　フォームの概念図

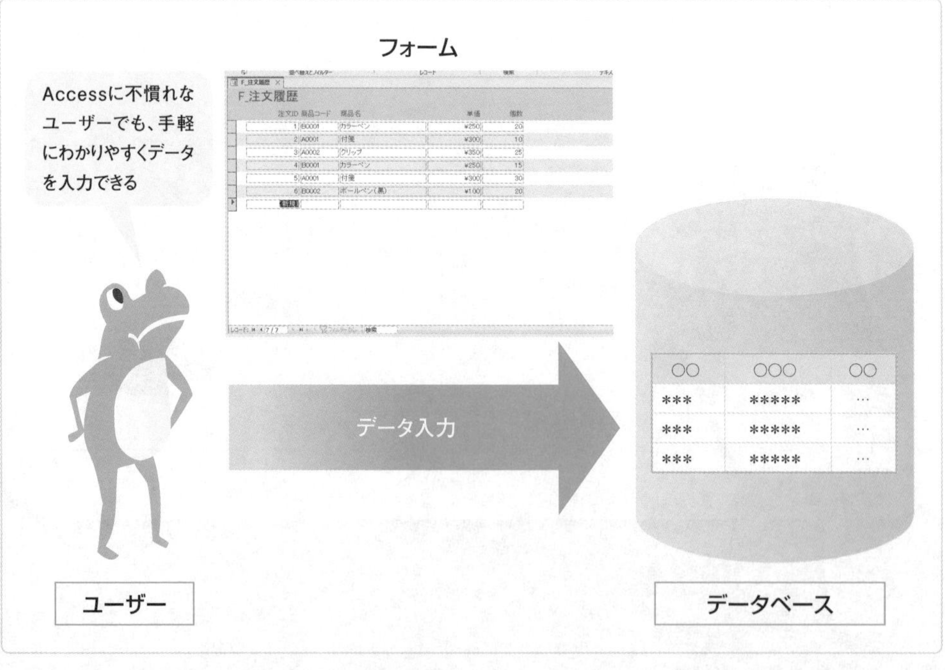

▼画面1　フォームの例

注文ID	商品コード	商品名	単価	個数
1	B0001	カラーペン	¥250	20
2	A0001	付箋	¥300	10
3	A0002	クリップ	¥350	25
4	B0001	カラーペン	¥250	15
5	A0001	付箋	¥300	30
6	B0002	ボールペン(黒)	¥100	20
新規				

F_注文履歴

これならAccessの操作をよく知らないユーザーでも、カンタンにデータを入力できるね

6

フォームでデータを入力

　1章でも触れたように、Accessのフォームに相当する機能をExcel、またはRDBMSとJavaやPHPなどの組み合わせで作ろうとすると、プログラミングの知識とスキルが必要となり、それなりの手間と時間を要します。Accessなら比較的簡単な操作により、短時間でフォームを作れてしまうのが大きなメリットです。

　もっともAccessでも、ボタンをクリックして画面を開くなど、より一般的なアプリケーションのようなユーザーインターフェースにするには、「マクロ」という機能を利用する必要があります。初心者には少々難しい機能です。本書ではほんのさわりのみを資料3（P296）で簡単に紹介します。さらにもっと複雑な機能を備えたユーザーインターフェースを作るなら、「VBA」（VisualBasic for Applications）というプログラミング言語を利用する必要があります（VBAを使うにはプログラミングの知識を必要とし、初心者には少々敷居が高いので、本書ではVBAは取り上げません）。

　しかし、フォームを作るだけならマクロやVBAは一切必要ありません。ExcelやWordの図などのように、マウス操作やちょっとした文字入力のみで作成できるので、気軽にチャレンジしましょう。

　なお、フォームはデータ入力のみならず、閲覧や検索のためのものも作成・利用できます。本書ではフォームの代表例として、データ入力のフォームを解説します。

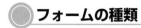

フォームの種類

フォームには「**単票フォーム**」(画面2)、「**データシート**」(画面3)、「**分割フォーム**」(画面4)という形式の異なる3種類が用意されています。それぞれ次のような特徴があります。

単票フォーム

画面に表示されるレコードは1件だけとなるフォームです。入力すべきフィールドが多くても、うまくレイアウトすることで1つの画面に収められます。そのため、右方向にスクロールする手間は不要にできます。

▼**画面2　単票フォーム**

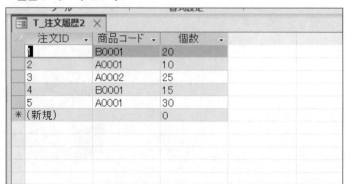

レコード1件分の
データを入力でき
るフォームだよ

データシート

1件のレコードが1行となる表形式のフォームです。各レコードをまとめて表示しながら入力できます。テーブルのデータシートビューと本質は同じですが、フォームに表示するフィールドを選んだり並び替えたりできます。

▼**画面3　データシート**

注文ID	商品コード	個数
1	B0001	20
2	A0001	10
3	A0002	25
4	B0001	15
5	A0001	30
*(新規)		0

まとめて入力するのに
ベンリ

● 分割フォーム

　画面の上半分には単票フォームが表示され、下半分にはデータシートが表示されます。

▼ **画面4　分割フォーム**

上が単票フォーム、下が
データシートだよ

　あるテーブルのフォームを作成する際、これら3種類から選べます。また、同じテーブルから異なる種類のフォームを複数同時に作れます。そのため、たとえば単票フォームでの入力作業を好むユーザーと、データシートでの入力作業を好むユーザーの両方の要望に応えることができます。

フォームでデータを入力

単一のテーブルで
フォームを作ろう

● テーブル「MT_商品」の入力フォームを作成

　それでは、実際にフォームを作ってみましょう。まずはテーブル「MT_商品」にデータを入力するフォームを作成します。今回はフォームの種類は分割フォームにします。

　前章までに作成した「受注管理」データベースを開いてください。ナビゲーションウィンドウの「すべてのAccessオブジェクト」の「テーブル」には、テーブル「MT_商品」とテーブル「T_注文履歴」が表示されているかと思います。[MT_商品]をクリックして選択し、[作成]タブの[その他のフォーム]→[分割フォーム]をクリックしてください（画面1）。

▼**画面1**　[分割フォーム]をクリック

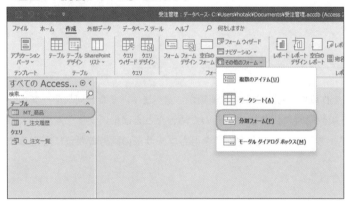

今回は分割フォームを
作るよ

　すると、次の画面2のように[MT_商品]タブが新たに表示され、テーブル「MT_商品」の分割フォームが作成されます。

▼**画面2**　テーブル「MT_商品」の分割フォームが作成される

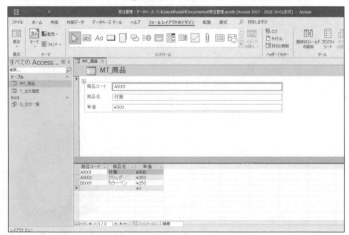

あっという間にフォーム
ができた!!

レイアウトや見出しの文言など見栄えはともかく、テーブル「MT_商品」にデータを入力できるフォームはたったこれだけの作業で作成完了です。レイアウトの調整など見栄えを整える方法は、6-5節で改めて説明しますので、本節ではこのままのレイアウトで使うとします。

　ここで作成したフォームを一度保存しておきましょう。クイックアクセスツールバーの［上書き保存］をクリックしてください。すると、「名前を付けて保存」ダイアログボックスが表示されます。フォーム名は何でもよいのですが、ここでは例によって、オブジェクトの種類がわかるよう、アタマにアルファベット1～2文字を付けます。フォーム（Form）ということでアルファベットの「F」を使い、「F_商品」という名前にします。「フォーム名」に「F_商品」と入力して［OK］をクリックしてください。

　すると、ナビゲーションウィンドウの「すべてのAccessオブジェクト」に、新たに「フォーム」というカテゴリが追加され、フォーム「F_商品」のアイコンが表示されます。また、フォームのタブ名が「MT_商品」から「F_商品」に変わります（画面3）。あわせて、ナビゲーションウィンドウには、「フォーム」および「F_商品」のアイコンが追加されます。これでフォームの保存は完了です。

▼**画面3　タブ名が「F_商品」に変わる**

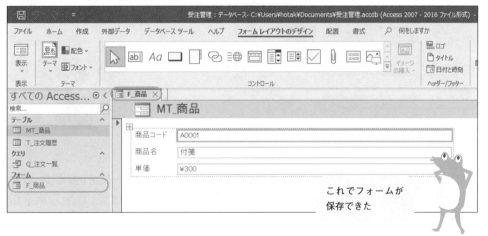

フォームでデータを入力

　なお、フォーム名の冒頭の「F_」は、テーブル名やクエリ名と同様に、Accessのルールとして必要なものではなく、オブジェクトの種類をわかりやすくする目的で、著者が独自に付けたものになります。

　また、サブデータシートが使えるテーブルから、［作成］タブの［フォーム］をクリックして単票フォームを作成すると、フォームの下部にサブデータシートと同じ内容のデータシートが付加されます。

データ入力のやり方

では、作成したフォームをさっそく使ってみましょう。作成したフォームからデータを入力するには、ビューを「**フォームビュー**」に切り替える必要があります（図1）。

テーブルにはテーブルを作成するデザインビューと、データを入力するデータシートビューなど複数のビューがあるように、フォームにも複数のビューがあります。現在表示されている画面は「**レイアウトビュー**」になります。文字通りテーブルのレイアウトを作成するためのビューです。他に、画面の細かい作り込みなどが行える「**デザインビュー**」があります。

図1 フォームの各ビューの切り替え

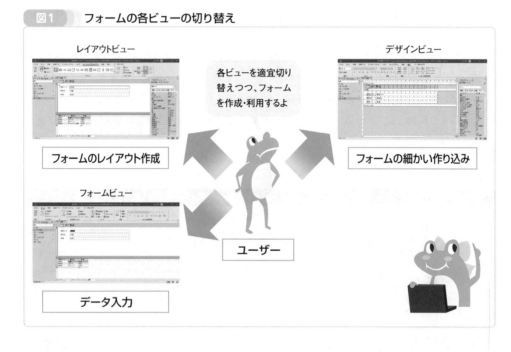

では、作成したフォームからデータを入力するために、フォームビューに切り替えましょう。［ホーム］タブ左端の［表示］にあるフォームビューのアイコンをクリックしてください（画面4）。

▼**画面4** ［表示］にあるフォームビューのアイコンをクリック

レイアウトビューから
フォームビューに切り替えるよ

　または［表示］の下にある［▼］をクリックして、ドロップダウンから［フォームビュー］
をクリックしても構いません。
　フォームビューに切り替わると、画面5のような画面が表示されます。画面上部には単票
フォームがあり、テーブル「MT_商品」に格納されている先頭のレコードである「商品コード」
が「A0001」のデータがフォーム内に表示されています。また、画面下部には、テーブル「MT_
商品」に格納されている全3件のレコードがデータシート上に表示されています。

▼**画面5　フォームビューに切り替わった**

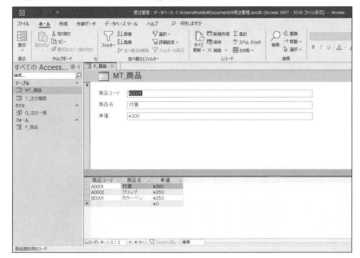

画面の上には先頭の
レコードが、下には
すべてのレコードが
表示されているね

　画面上部の単票フォームに表示されるレコードは、データシートの下にある移動ボタンで
切り替えられます（図2）。

図2　移動ボタンの使い方

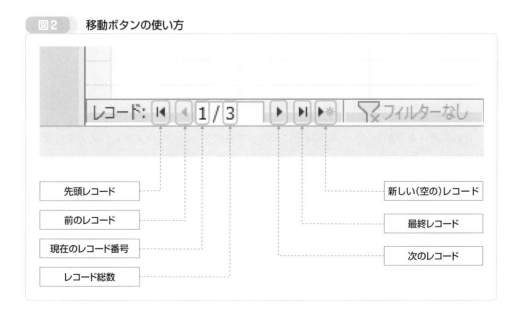

画面上部の単票フォームでデータの入力が行えます。すでに格納されているデータを単票フォームに表示している場合は、単票フォーム上でそのデータの修正ができます。新規レコードの追加は、移動ボタンの［新しい(空の)レコード］で行います。

では、ここでフォーム「F_商品」を使い、テーブル「MT_商品」に新しいレコードを追加してみましょう。移動ボタンの［新しい(空の)レコード］をクリックしてください。すると、新規レコードが作成され、単票フォームの部分が空の状態になります（画面6）。

▼**画面6　新規レコードが作成される**

新しいレコードが
作成されたね

この中に追加するレコードのデータを入力していきます。今回は下記のデータを追加するとします。商品名に含まれるカッコは半角でもよいのですが、ここでは全角とします。

・フィールド「**商品コード**」：B0002
・フィールド「**商品名**」　　：ボールペン (黒)
・フィールド「**単価**」　　　：¥100

これらのデータを単票フォームへ順番に入力してください。単票フォームへ入力する度に、画面下部のデータシートにもデータが入力されていきます（画面7）。

▼**画面7 画面下部のデータシートにもデータが入力される**

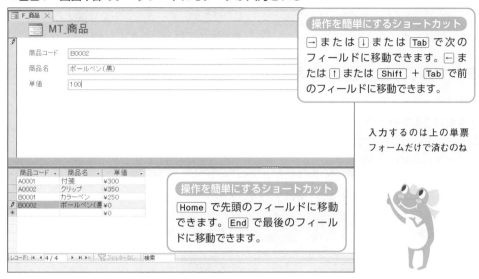

最後のフィールド「単価」に「100」と入力したところで、Enter キーを押してください。すると、データシートのフィールド「単価」のセルに「¥100」と通貨の形式でデータが入力されます。同時に、単票フォームの各フィールドがすべて空欄になります。これで1件分のレコードの入力は完了です。

また、画面下部のデータシートの列「商品名」に入力された「ボールペン(黒)」はセルに収まりきれず、右端の方が見えなくなっているかと思います。見えるようにするには、「商品名」の列タイトルと「単価」の列タイトルの境界部分を右方向にドラッグして、幅を広げればOKです。また、境界部分をダブルクリックすれば、データの文字数にあわせた列幅に一発で設定できます。

では、ちゃんとデータが入力できているか、テーブル「MT_商品」を開いて確かめてみましょう。ナビゲーションウィンドウ内の［MT_商品］をダブルクリックしてください。すると、次の画面8のように、先ほどフォーム「F_商品」から入力した1件のレコードがちゃんと追加されていることが確認できるかと思います。なお、画面8はフィールド「商品名」は列幅を広げ、「ボールペン（黒)」がすべて見えるようにしてあります。

▼**画面8 「MT_商品」に 1件のレコードが追加されている**

商品コード	商品名	単価	クリックして追加
A0001	付箋	¥300	
A0002	クリップ	¥350	
B0001	カラーペン	¥250	
B0002	ボールペン(黒)	¥100	
*		¥0	

ちゃんとレコードが
追加されていたね

6

フォームでデータを入力

今回は分割フォームを使いましたが、単票フォームを作成するには目的のテーブルを選択し、[作成] タブの [フォーム] をクリックしてください。データシートを作成するには、同じく [作成] タブの [その他のフォーム] → [複数のアイテム] をクリックしてください。

テーブル「T_注文履歴」の入力フォームはどうする？

次はテーブル「T_注文履歴」の入力フォームを作成したいと思います。ここで作成作業をする前に考えていただきたいのですが、たとえば、フォーム「F_商品」と同様に、ナビゲーションウィンドウの [T_注文履歴] を選択し、[作成] タブの [その他のフォーム] → [分割フォーム] をクリックして分割フォームを作成すると、次のようなフォームになります（画面9）。

▼**画面9　テーブル「T_注文履歴」の入力フォーム**

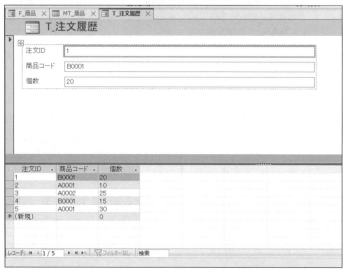

他の人に使ってもらうには、ちょっと不親切かも……

このフォームはこれで注文履歴のデータをちゃんと入力できます。作った本人が使うぶんにはこれでもよいのですが、もし、あまりAccessやデータベースのことを知らない他のユーザーに使ってもらうとなると、入力した商品コードがどの商品に該当するのか、画面の表示ができた方が親切でしょう。同時に単価も表示したいものです。

しかし、商品名も単価も、データはテーブル「MT_商品」のフィールド「商品名」と「単価」に格納されています。テーブル「T_注文履歴」とは別のテーブルにあるデータになります。

Accessではこのようなケースにおいて、複数のテーブルを連携させたフォームを作成することができます。次節では、テーブル「MT_商品」のデータを連係させたテーブル「T_注文履歴」の入力フォームを作成する方法を解説します。もし、画面9のフォームを作成したなら、保存せずに閉じて、削除しておいてください。

フォームウィザードを使ってフォームを作る

　本節では、前節の最後に紹介したように、テーブル「MT_商品」のフィールド「商品名」と「単価」のデータと連動しつつ、テーブル「T_注文履歴」にデータを入力できるフォームを作成します。

　このような複雑なフォームを作成するには、ウィザード形式でフォームを作成する「**フォームウィザード**」を利用します。Accessにはフォーム作成の方法として、前節で利用したような［作成］タブの［分割フォーム］などをワンクリックする方法に加え、ウィザードも用意されているのです。さらには、「フォームデザイン」など、さまざまな方法が選べます。

　では、さっそく実際に作成してみましょう。まずはフォーム「F_商品」を閉じてください。そして、ナビゲーションウィンドウの「すべてのAccessオブジェクト」の「テーブル」にて［T_注文履歴］を選択し、［作成］タブの［フォームウィザード］をクリックしてください（画面1）。

▼**画面1** ［フォームウィザード］をクリック

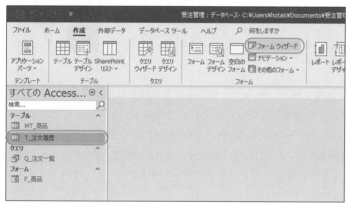

ウィザードでもフォームを作れるのね

　すると、「フォームウィザード」が起動します。「テーブル/クエリ」は［テーブル:T_注文履歴］が選ばれているはずです。もし選ばれていなければ、「テーブル/クエリ」のドロップダウンから選んでください。

　なお、本書執筆時点（2023年1月）では、ウィザードの画面左側や右側とボタンやテキストボックスなどとの余白がないなど、一部でレイアウトが崩れていますが、本書ではそのまま掲載するとします。

まずはフォームに含めるフィールドを指定します。その手順は、最初に「テーブル/クエリ」のドロップダウンにて、目的のフィールドが含まれているテーブルまたはクエリを選びます。すると、「選択可能なフィールド」に、選んだテーブルまたはクエリのフィールドが一覧表示されるので、目的のフィールドを選び、[>]をクリックします（画面2）。また、[>>]をクリックすると、すべてのフィールドをまとめて追加できます。

▼**画面2　フィールドを追加**

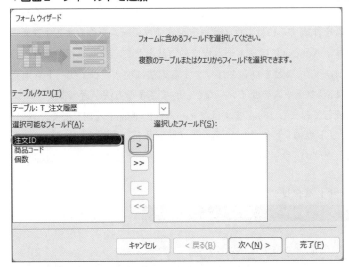

フォームに含めるフィールドを指定していくよ

フォーム上のフィールドは基本的に、ウィザードで追加した順番に並ぶことになります。今回はもともとの注文のデータの表と同じ並びに揃えたいとします。よって、もともとの注文のデータの表と同じ順番で、フィールドを追加していくことになります。そして、フィールドはテーブル「T_注文履歴」から「注文ID」と「商品コード」と「個数」を、テーブル「MT_商品」から「商品名」と「単価」を追加するとします。以上をまとめると、表1のようフォームを作成することになります。

▼**表1　フォームに追加するフィールドの順番とテーブル**

注文ID	T_注文履歴
商品コード	T_注文履歴
商品名	MT_商品
単価	MT_商品
個数	T_注文履歴

それでは、この順番でフィールドを追加していきましょう。まずはフィールド「注文ID」を追加します。「テーブル/クエリ」で「T_注文履歴」が選ばれた状態で、「選択可能なフィールド」の「注文ID」を選び、[>]をクリックしてください。すると、フィールド「注文ID」が追加され、「選択したフィールド」に表示されます（画面3）。

▼**画面3** 「注文ID」が「選択したフィールド」に表示される

まずはフィールド「注文ID」を追加したよ

同様に、フィールド「商品コード」も追加してください（画面4）。

▼**画面4** 「商品コード」も追加

同じ手順で追加してね

　次に追加するフィールド「商品名」は、テーブル「MT_商品」のフィールドです。「テーブル / クエリ」のドロップダウンから、テーブル「MT_商品」を選んでください。そして、「選択可能なフィールド」の「商品名」を選び、［>］をクリックしてください。すると、フィールド「商品名」が追加され、「選択したフィールド」に表示されます（画面5）。

▼**画面5** 「商品名」が「選択したフィールド」に表示される

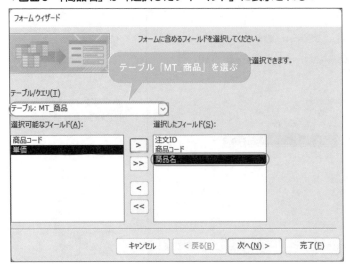

テーブルを「MT_商品」
に切り替えてから追加
してね

同様に、フィールド「単価」も追加してください（画面6）。

▼**画面6** 「単価」も追加

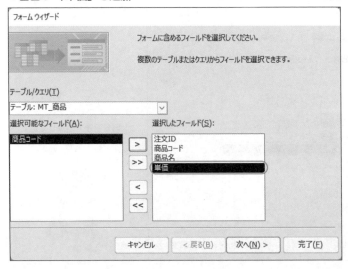

テーブルは引き続き
「MT_商品」だね

　最後のフィールド「個数」は、テーブル「T_注文履歴」のフィールドです。「テーブル／ク
エリ」のドロップダウンから、テーブル「T_注文履歴」を選んで切り替えたら、同様の手順
で追加してください（画面7）。

▼**画面7 「個数」も追加**

今度はテーブルは
「T_注文履歴」だよ

　今回、フォームのフィールドは目的の並び順になるよう、2つのテーブルを切り替えつつ、順番に追加していきましたが、別の方法でも可能です。フォームウィザードでは、「選択したフィールド」にて追加済みのフィールドを選んだ状態で、「選択可能なフィールド」で追加したいフィールドを選び［>］をクリックすると、選んだ追加済みのフィールドの次に追加できます。たとえば、テーブル「T_注文履歴」のフィールド「注文ID」と「商品コード」と「個数」を先にすべて追加しておき、次に追加済みのフィールド「注文ID」を選んだ状態で、テーブル「MT_商品」から「商品名」と「単価」を追加すれば、フォームのフィールドを目的の並び順にすることができます。

　なお、フォーム上のフィールドの並び順は、デザインビューなどで後から変更できます。しかし、手順が煩雑であり、レイアウトをきれいに揃えるのも手間がかかってしまうため、ウィザードで新規作成する段階で、目的の並び順にしておくことをお勧めします。

　これで、フォームに必要なフィールドをすべて、目的の順番で指定できました。［次へ］をクリックしてください。すると、「データの表示方法を指定してください」と表示されます。これはフォームのメインとなるテーブルを選ぶ作業になります。［byT_注文履歴］を選び［次へ］をクリックしてください（画面8）。

6

フォームでデータを入力

▼**画面8** ［byT_注文履歴］を選び［次へ］をクリック

メインとなるテーブルを
指定するよ

　すると、「フォームのレイアウトを指定してください」と表示されます。今回は［表形式］
をオンにして［次へ］をクリックしてください（画面9）。「表形式」のフォームは、複数のレ
コードが一つの表として表示される形式になります。なお、「単票形式」を選ぶと、画面には
1件のレコードのみが表示される形式のフォームになります。

▼**画面9** ［表形式］をオンにして［次へ］をクリック

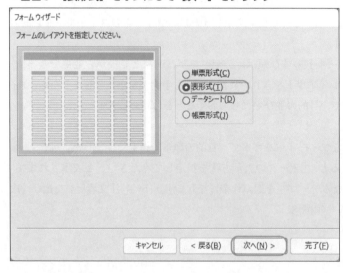

フォームの形式を
指定するよ

　すると、画面10のように、「フォーム名を指定してください」と表示されます。その欄に
フォーム名を指定します。テーブル名の「T_注文履歴」が自動で入力されますが、ここでは「F_
注文履歴」という名前のフォームにするとします。「フォーム名を指定してください」欄を「F_
注文履歴」に書き換えてください。

［フォームを開いてデータを入力する］はとりあえずオンのままにしておいてください。これでウィザードによる設定は一通り終わりです。［完了］をクリックしてください。

▼**画面10　[完了] をクリック**

これでフォームが
完成だ！！

すると、画面11のようなフォームが作成されます。左から「注文ID」と「商品コード」、「商品名」、「単価」、「個数」とフィールドがあり、全5件のレコードが表示されたフォームとなっています。あわせて、ナビゲーションウィンドウの「フォーム」には、「F_ 注文履歴」のアイコンが追加されます。

▼**画面11　フォームが作成される**

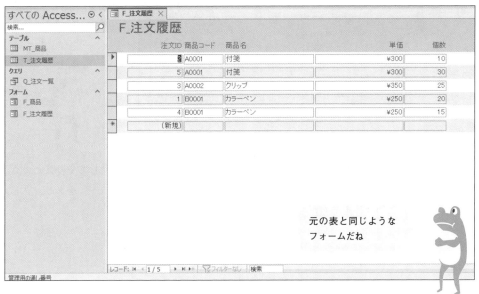

元の表と同じような
フォームだね

6

フォームの体裁を整える

　この状態でもフォームとしてちゃんと使えますが、どうせなら体裁をもともとの注文のデータの表と同じように整えてやりましょう。まずはレコードの並びが現在は「商品コード」の昇順になっているので、「注文ID」の昇順にします。「注文ID」の1行目のセルをクリックし、カーソルを点滅させた状態で、［ホーム］タブの［並べ替えとフィルター］にある［昇順］をクリックしてください（画面12）。

▼**画面12　「注文ID」の1行目をクリックし、［昇順］をクリック**

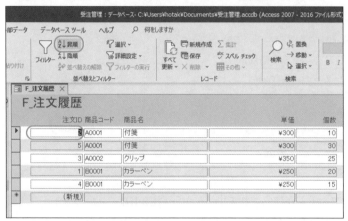

　これで「注文ID」で［昇順］に並び替えられます（画面13）。

▼**画面13　「注文ID」で［昇順］に並び替えられる**

元の表と同じレコードの並びになったよ

　続けて、フィールド「単価」はデータに対して列の幅が広すぎるので調節してやりましょう。列幅の調整はデザインビューで行います。［表示］の［▼］→［デザインビュー］をクリックし、デザインビューに切り替えてください（画面14）。

▼**画面14 デザインビューに切り替え**

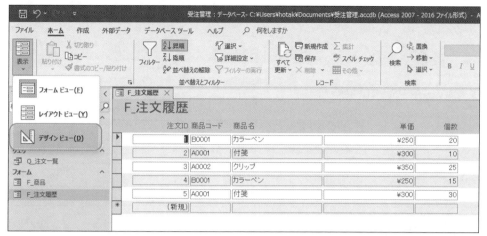

幅がムダに広いから
狭めてやろう

「単価」のラベル（見出し）をクリックして選択します。続けて、⌘Ctrl を押したまま、フィールド「単価」をクリックして、両者を同時に選択します（画面15）。

▼**画面15 「単価」のラベルとフィールドを同時に選択**

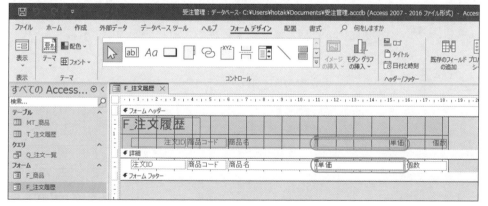

⌘Ctrl を押しながら
クリックしてね

　その状態で「単価」のラベル、または「単価」のフィールドのボックスの右辺にマウスポインターを重ねます。すると、マウスポインターの形が左右矢印に変わるので、左方向にドラッグして列幅を狭めます（画面16）。

▼**画面16** 「単価」のラベルの右辺をドラッグして列幅を狭める

操作を簡単にするショートカット
SHIFT + → で列幅を広く、SHIFT + ← で列幅を狭くできます。

同時に選択しているから、フィールド「単価」の列幅も同時に変更されるよ

　マウスの左ボタンを放すと、単価のラベルおよびフィールド「単価」がその列幅に変更されます（画面17）。

▼**画面17** 列幅が変更された

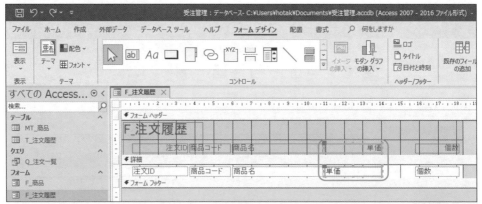

ちょうどいい列幅になった！

　この時点では、「単価」と「個数」の間が空いてしまっているので、「個数」のラベルおよびフィールド「個数」の位置を、左側に移動してやりましょう。Ctrlキーを押しながらクリックするなど、両者を同時に選択した状態で、マウスポインターが十字矢印になる場所で左方向にドラッグするか、←キーを連続して押して、場所を移動してください（画面18）。

▼**画面18**　「個数」のラベルとフィールドの場所を移動

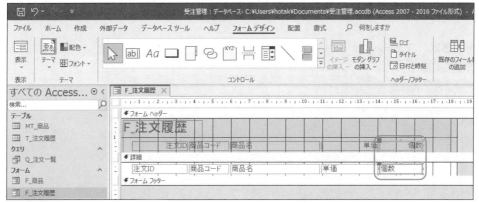

操作を簡単にするショートカット
矢印キーでグリッドに沿ってピクセル単位
で移動できます。[Ctrl]＋矢印キーで、グリッ
ドに関係なくピクセル単位で移動できます。

場所の移動も
カンタンだね

　なお、ラベルやフィールドのボックスの列幅を変更したり、場所を移動したりすると、各ボックスの左右の間隔が不揃いになりがちです。その場合は対象となるボックスを同時に選択した状態で、[配置]タブの[サイズ/間隔]→[左右の間隔を均等にする]をクリックすれば、均等に揃えることができます。[サイズ/間隔]には他にも、フォームのレイアウトを揃えるためのさまざまなコマンドが用意されています（画面19）。

▼**画面19**　[サイズ/間隔]を利用する

これらの機能を使えば、
一発で揃えられるよ

フォームでデータを入力

6

これで完成です。[ホーム] タブの [表示] をクリックしてフォームビューに切り替えてください（画面20）。また、[上書き保存] で保存しておきましょう。

▼**画面20　フォームビューに切り替え**

注文ID	商品コード	商品名	単価	個数
1	B0001	カラーペン	¥250	20
2	A0001	付箋	¥300	10
3	A0002	クリップ	¥350	25
4	B0001	カラーペン	¥250	15
5	A0001	付箋	¥300	30
(新規)				

F_注文履歴

操作を簡単にするショートカット
F5 でデザインビューからフォームビューに切り替えられます。

これでフォームが完成だ!!

フォーム「F_注文履歴」にデータを入力

フォーム「F_注文履歴」が作成できたところで、さっそくデータを入力してみましょう。現在5件のレコードが格納されていますが、ここでは新たに6件目のレコードを入力してみます。入力するデータは次の通りとします。

```
・フィールド「注文ID」　　：6
・フィールド「商品コード」：B0002
・フィールド「商品名」　　：ボールペン（黒）
・フィールド「単価」　　　：¥100
・フィールド「個数」　　　：20
```

では、入力作業を始めます。フィールド「注文ID」はオートナンバー型なので入力は不要なため、フィールド「商品コード」から入力します。

まずは新規レコードを作成します。前節同様に移動ボタンの [新しい(空の)レコード] をクリックしてもよいのですが、ここでは別の方法を紹介します。フォームの6行目は現在、フィールド「注文ID」のセルに「(新規)」と表示されています（画面21）。ここで、6行目のフィールド「商品コード」のセルをクリックしてください。するとカーソルが点滅した状態になります。これで新規レコードが追加されたのと同じことになり、データの入力が可能になります。

▼**画面21** 「商品コード」の6行目のセルをクリック

注文ID	商品コード	商品名	単価	個数
1	B0001	カラーペン	¥250	20
2	A0001	付箋	¥300	10
3	A0002	クリップ	¥350	25
4	B0001	カラーペン	¥250	15
5	A0001	付箋	¥300	30
(新規)				

F_注文履歴

カーソルが点滅した状態
にしてね

続けて、そのセルに「商品コード」のデータとして「B0002」という文字列を入力してください。文字を入力すると、その下に行が追加されます。「B0002」と入力し終えたら Enter キーを押してください（画面22）。

▼**画面22** 入力し終えたら Enter キーを押す

F_注文履歴

注文ID	商品コード	商品名	単価	個数
1	B0001	カラーペン	¥250	20
2	A0001	付箋	¥300	10
3	A0002	クリップ	¥350	25
4	B0001	カラーペン	¥250	15
5	A0001	付箋	¥300	30
6	B0002			0
(新規)				

すると、フィールド「商品名」には「ボールペン(黒)」、フィールド「単価」には「¥100」と自動で入力されます（画面23）。

▼**画面23** フィールド「商品名」、フィールド「単価」には自動で入力される

F_注文履歴

注文ID	商品コード	商品名	単価	個数
1	B0001	カラーペン	¥250	20
2	A0001	付箋	¥300	10
3	A0002	クリップ	¥350	25
4	B0001	カラーペン	¥250	15
5	A0001	付箋	¥300	30
6	B0002	ボールペン(黒)	¥100	0
(新規)				

自動で入力された。
これはラクだ！！

6

フォームでデータを入力

　テーブル「T_注文履歴」とテーブル「MT_商品」は、フィールド「商品コード」を結合フィールドに、リレーションシップが設定されているのでした。そのため、フォーム「F_注文履歴」のフィールド「商品コード」にデータを入力すると、テーブル「MT_商品」の該当レコードのフィールド「商品名」と「単価」のデータが自動入力されるのです（図1）。

図1 テーブル「MT_商品」のフィールド「商品名」と「単価」のデータが自動入力

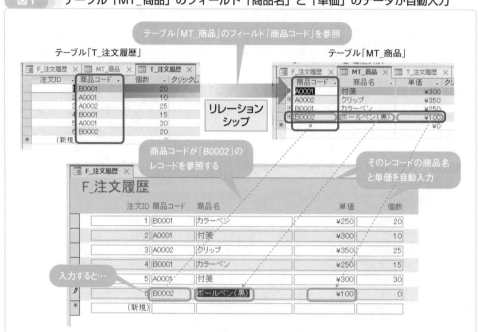

　このような仕組みによって、いちいちフィールド「商品名」と「単価」のデータを入力しなくとも済むようになります。また、リレーションシップが設定されているため、テーブル「MT_商品」のフィールド「商品コード」に存在しないデータは、フォーム「F_注文履歴」のフィールド「商品コード」に入力できないようなっています（正確には、入力だけならできますが、別のレコードへ移動しようとすると、エラーメッセージが表示されます）。複数のテーブルを連携させたフォームには、このようなメリットがあるのです。

　なお、Enter キーを押すと同時に、フィールド「注文ID」にも「6」と自動で入力されますが、これは前述のように、オートナンバー型のフィールドだからです。

　最後にフィールド「個数」に数値の「20」を入力し、Enter キーを押してください（画面24）。

▼**画面24** 「20」を入力し Enter キーを押す

6件目のレコードが
入力完了

	注文ID	商品コード	商品名	単価	個数
	1	B0001	カラーペン	¥250	20
	2	A0001	付箋	¥300	10
	3	A0002	クリップ	¥350	25
	4	B0001	カラーペン	¥250	15
	5	A0001	付箋	¥300	30
	6	B0002	ボールペン(黒)	¥100	20
▶	(新規)				

これで6件目のレコードを追加し終わりました。テーブル「T_注文履歴」のデータシート
ビューを開けば、ちゃんと6件目のレコードが追加されていることが確認できるかと思います。

コラム

ルックアップが設定されている場合

本節で作成したフォーム「F_注文履歴」において、もし5-5節のコラム（P209）で
紹介したルックアップがテーブル「T_注文履歴」のフィールド「商品コード」に設定さ
れているならば、画面のようにフィールド「商品コード」のデータはコンボボックスか
らドロップダウンで入力できるようになります。コンボボックスに表示されるのはルッ
クアップで設定したデータになります。

このようにコンボボックスから入力することで、フィールド「商品コード」のデータ
をより簡単に入力できると同時に、間違ったデータの入力も防げます。

▼**画面** コンボボックスから入力できるようになる

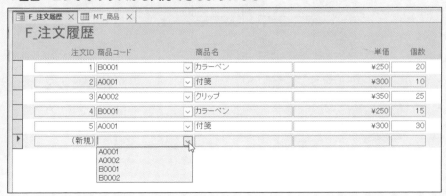

サブフォーム

● サブフォームとは

　Accessでは、関連付けられている2つのテーブルへのデータ入力を1つの画面上で行える仕組みのフォームが用意されています。元となるテーブルへ入力するフォームを「**メインフォーム**」、付加されるテーブルへ入力するフォームを「**サブフォーム**」と呼びます。

　通常、「1対多」の関係でリレーションシップが設定されている2つのテーブルがある場合、「1」側のテーブルの入力フォームがメインフォームとなり、単票フォームで作成します。一方、「多」側のテーブルの入力フォームがサブフォームになり、帳票フォームで作成され、メインフォームの下に付加されます。「1」側であるメインフォームのレコード1件1件につき、「多」側であるサブフォームからは複数のレコードが入力できます（図1）。

図1　サブフォームの概念図

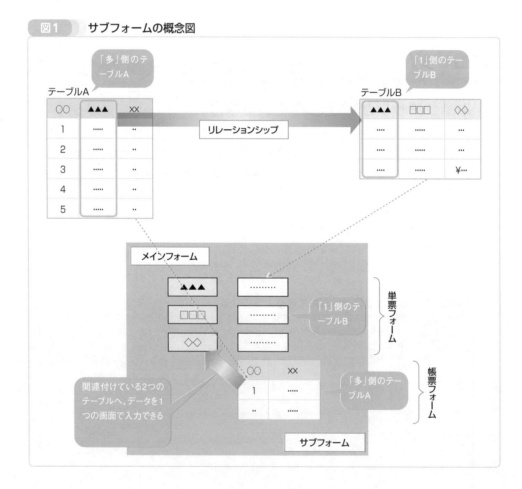

サンプルでのサブフォームの例

　サブフォーム付きのフォームの作成は、前節で用いたフォームウィザードを利用します。たとえば、テーブル「MT_商品」をメインフォーム、テーブル「T_注文履歴」をサブフォームとするフォームを作成するには、前節と同じ手順でフォームウィザードを起動します。フォームに追加するフィールドは、テーブル「MT_商品」のすべてのフィールドと、テーブル「T_注文履歴」のフィールド「注文ID」と「個数」にします。今度はフィールド「商品コード」をテーブル「MT_商品」から選択します。

　そして、データの表示方法の指定では、メインフォームにするテーブルとして、［byMT_商品］を選びます。同時に［サブフォームがあるフォーム］をオンにします（画面1）。

▼**画面1**　［サブフォームがあるフォーム］をオンにする

［byMT_商品］
を選んでね

　その後はウィザードのデフォルトの設定のまま先に進みます。最後の画面では、「フォーム」のボックスにメインフォームの名前を、「サブフォーム」のボックスにサブフォームの名前を入力します（画面2）。ここではメインフォームの名前を「F_商品サブフォーム付き」、サブフォームを「F_注文履歴サブフォーム」とします。

▼**画面2**　メインフォームの名前、サブフォームの名前を入力

各フォームの名前を画面
のように入力してね

作成されるサブフォーム付きのフォームは次の画面3のようになります。テーブル「MT_商品」の単票フォームの下に、テーブル「T_注文履歴」のフォームがデータシートの形式で表示されます。そして、テーブル「MT_商品」のレコードごとに、そのレコードのフィールド「商品コード」が使われているテーブル「T_注文履歴」のレコードがサブフォームに表示されます。

▼**画面3　作成されたサブフォーム付きのフォーム**

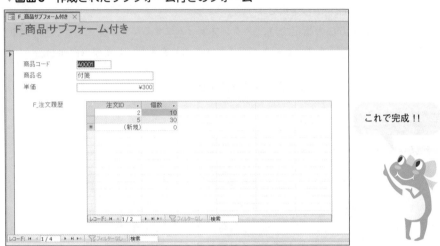

なお、サブフォームは1つのオブジェクトとして保存されます。本節の例だと、ナビゲーションウィンドウの「すべてのAccessオブジェクト」に「F_注文履歴サブフォーム」が別途追加されます。

このサブフォーム「F_注文履歴」からテーブル「T_注文履歴」に新規レコードを追加できます。たとえば、次のようなレコードをテーブル「T_注文履歴」に追加するとします。

・フィールド「注文ID」　　：7
・フィールド「商品コード」：A0002
・フィールド「個数」　　　：10

フィールド「商品コード」が「A0002」となるのは、フィールド「商品名」が「クリップ」のレコードです。まずはメインフォーム「F_商品サブフォーム付き」にて移動ボタンを使うなどして、「商品コード」が「A0002」のレコードを表示します。そして、新規レコードとして、サブフォーム「注文履歴」のフィールド「個数」の2行目に「10」と入力します。フィールド「注文ID」はオートナンバー型なので自動で「7」と入力されます（画面4）。

▼**画面4　データの入力**

テーブル「T_注文履歴」に新規レコードを追加

商品コード	A0002
商品名	クリップ
単価	¥350

F_注文履歴

注文ID	個数
3	25
7	10
新規	0

レコード: I◄ ◄ 3/3 ►► ►I フィルターなし　検索

レコード: I◄ ◄ 2/4 ►► ►I フィルターなし　検索

　これでサブフォーム「F_注文履歴」からテーブル「T_注文履歴」に新規レコードを追加できました。テーブル「T_注文履歴」をデータシートビューで開くと、ちゃんと7件目のレコードが追加されていることが確認できるかと思います（画面5）。

▼**画面5　7件目のレコードが追加されている**

おおっ、ちゃんと追加されているわね！

注文ID	商品コード	個数	クリックして追加
1	B0001	20	
2	A0001	10	
3	A0002	25	
4	B0001	15	
5	A0001	30	
6	B0002	20	
7	A0002	10	
(新規)		0	

　このようにサブフォーム付きのフォームは、メインフォームのテーブルをベースに、サブフォームのテーブルにデータをまとめて入力できるのがメリットです。もし、新しい商品が追加され、同時に注文も複数受けたなら、商品のレコードを新規で追加し、続けてサブフォームで注文のデータも入力できます。

　本書のサンプルだとイマイチ便利さがわからないのですが、たとえば、P302の資料5「**正規化**」で登場するようなデータベースでは威力を発揮します。この例では、注文テーブルと注文明細テーブルを用意し、ある顧客の1回の注文につき注文テーブルのレコードを1件として管理し、注文された複数の商品の個数などを注文明細テーブルに保存し、両者をリレーションシップで関連付けています。これは受注管理ではよくあるパターンのテーブル構造です。

　このようなデータベースには、注文テーブルをメインフォーム、注文明細テーブルをサブフォームとするフォームを用意します。ある顧客から注文を受けた際、メインフォームで注

文データのレコードを追加し、同時にサブフォームで注文された商品のIDや個数などを入力できます。つまり、注文が発生した際、2つのテーブルにデータを入力しなければならないのですが、サブフォーム付きのフォームによって、1つの画面上でデータ入力作業が済むようになるのです（図2）。

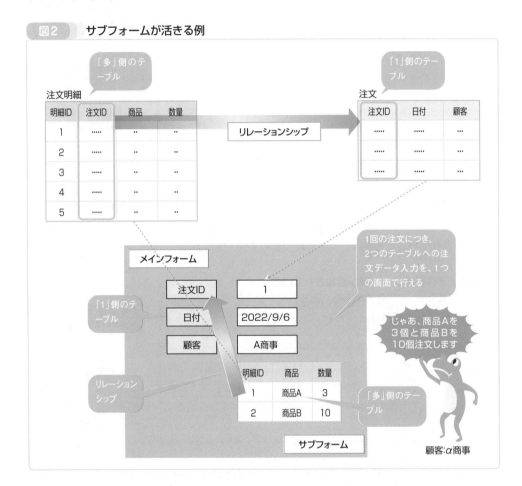

図2　サブフォームが活きる例

6-5 "ユーザーに優しい" 入力フォームにするには

フォームのタイトルとオートフォーマット

　本章ではここまでフォームの作り方と使い方を解説してきました。Accessのフォームはレイアウトビューやデザインビューにて、体裁を整えたり、入力作業をサポートする機能を追加したりなど、カスタマイズ機能が豊富に用意されています。それらすべてを解説するのは不可能なので、本書では代表例を簡単に説明するにとどめます。

　フィールドの並びや幅、レコードの並びを変更する方法はすでに前節で紹介しました。まず基本的なカスタマイズとして、フォームのタイトル、および全体のレイアウトと色合いの設定方法を解説します。

　フォームのタイトルはデフォルトではテーブル名がそのまま使われます。6-2節で作成したテーブル「MT_商品」のフォームは、フォームのタイトルがそのまま「MT_商品」になっているかと思います。

　フォームのタイトルを変更するにはレイアウトビューに切り替え、タイトルの部分をダブルクリックしてください。すると、カーソルが点滅して編集可能な状態になるので、好きなタイトルに変更してください（画面1）。ここでは「商品」に変更したとします。

▼**画面1　フォームのタイトルを変更**

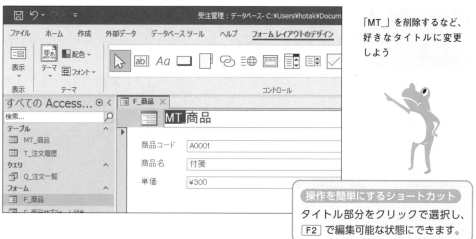

「MT_」を削除するなど、好きなタイトルに変更しよう

操作を簡単にするショートカット
タイトル部分をクリックで選択し、F2 で編集可能な状態にできます。

　また、フォーム画面全体のレイアウトや色合いは、テーマを変更することで、ワンクリックで一括して変更できます。レイアウトビューに切り替え、[フォームレイアウトのデザイン] タブの [テーマ] から、設定したいテーマを選ぶだけです（画面2）。

6

フォームでデータを入力

▼画面2　設定したいテーマを選ぶ

テーマで全体の見た目
を一発で変えられるよ

他にも、各フィールドの場所をドラッグ&ドロップで移動できたり、文字のフォントや色や書式を変更できたりなど、各タブのコマンドや画面上から直感的な操作で、フォームの見た目を自由にカスタマイズできます。

「ヒントテキスト」を追加

Accessのフォームでは、入力を補助するさまざまな機能を追加できます。ここではその1つである「ヒントテキスト」を追加してみます。「ヒントテキスト」とは、フィールドにマウスポインタを重ねると、メッセージがポップアップで表示される機能です。たとえば、そのフィールドに入力するデータの制限事項などをメッセージに表示するなどして、ユーザーの入力作業を手助けします。

ヒントテキストを追加するには、まずはデザインビューに切り替えます。[フォームレイアウトのデザイン] タブの [表示] の下の [▼] をクリックして、[デザインビュー] をクリックしてください（画面3）。

▼画面3　[デザインビュー] をクリック

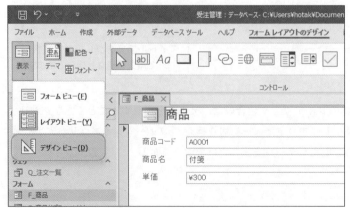

デザインビューに
切り替えるよ

続けて、ヒントテキストを追加したいフィールドのテキストボックスを選択し、［フォームデザイン］タブの［プロパティシート］をクリックしてください。ここではフィールド「商品コード」のテキストボックスを選択したとします。すると、そのテキストボックスのプロパティシートが表示されます（画面4）。

▼**画面4　プロパティシートが表示される**

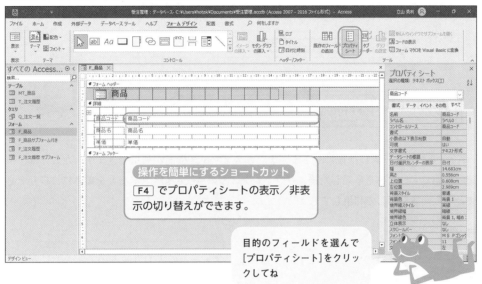

プロパティシートの［その他］タブにある「ヒントテキスト」欄に、表示したいメッセージを入力してください。ここでは、「アルファベット1文字＋4桁の数字の形式で入力してください。」と入力するとします（画面5）。

▼**画面5　メッセージを入力**

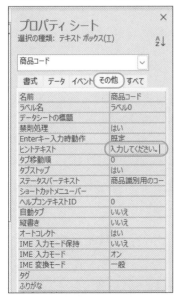

ここに入力した文言がヒントテキストとして表示されるよ

この画面は列幅の関係で、入力したメッセージが一部しか表示されていないよ

フォームでデータを入力

これでヒントテキストの追加は完了です。フォームビューに切り替え、「商品コード」のテキストボックスにマウスポインタを重ねると、追加したヒントテキストがポップアップ（ツールチップ）で表示されます（画面6）。

▼**画面6　ヒントテキストがポップアップで表示される**

先ほど入力したメッセージが表示された!!

Accessのフォームには他にもさまざまなカスタマイズ機能が利用できます。たとえば、下記の機能です。本書を卒業した後、リファレンス型のAccess解説本などを参考に、自分で必要とする機能を探して利用しましょう。

●ラベル

フォーム上に任意のテキストを表示する機能。フォームの入力ガイドの表示などに利用するとよいでしょう。

●タブオーダー

Tab キーを押した際、次に移動するフィールドの順序を設定できます。

●集合値ソース

あらかじめ用意しておいた選択肢から選んで入力できるようにします。

第 7 章

レポート

本書の最後に、「レポート」を作成する方法を学びます。フォームと同じくリレーショナルデータベースの本筋とは外れる機能となりますが、請求書などデータベースの最終的なアウトプットを作成する重要な機能です。ページの都合上、ほんの入り口しか解説できませんが、基礎をしっかり身につけてください。

レポートとは

　「**レポート**」とは、データベースから必要なデータを必要なぶん取り出し、必要なかたちに
加工・レイアウトして印刷するための機能です。1-3節でもザッと紹介しましたが、データベー
スに蓄積されたデータを用い、たとえば受注データから請求書を作成したり、顧客データか
ら住所を抽出して宛名ラベルを印刷したりするなど、さまざまなシチュエーションで活用さ
れます。ユーザーから見て、データの入力にあたるのが前節で学んだフォームなら、出力に
あたるのがこのレポートです（図1、画面1）。

図1　レポートの概念図

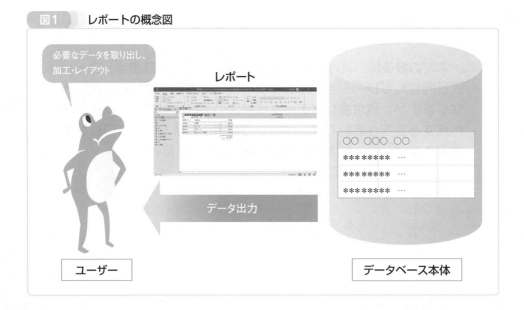

▼画面1　レポートの例

レポートを作るパターンは2つある

　レポートを作成するパターンは大きく分けて、テーブルから作成するパターンと、選択クエリから作成するパターンの2つがあります。テーブルから作成するパターンは、テーブルに格納されているレコードをそのままレポートとして出力します。その際、データシートビューの見た目をそのままレポート化するのではなく、見出しを付けたり罫線を引いたりするなど、文書らしい体裁に整えられます。

　選択クエリから作成するパターンですが、4章で学習した内容を思い出していただきたいのですが、選択クエリを実行すると、その実行結果は表形式で表示されるのでした。選択クエリからレポートを作成するとは、選択クエリの実行結果をベースに、見出しを付けたり罫線を引いたりするなど、体裁を整えてレポート化することになります（図2）。

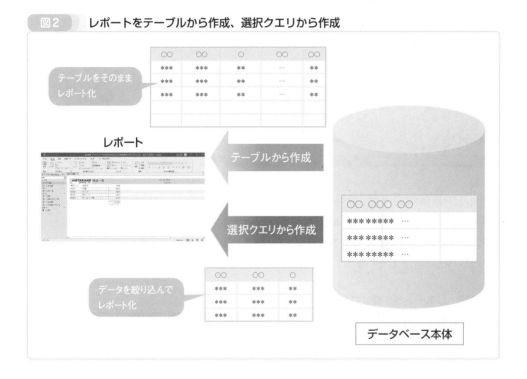

図2　レポートをテーブルから作成、選択クエリから作成

　本章ではこれからみなさんにレポートを作成していただきますが、そんなに難しく考えることはありません。作業の流れは6章で体験したフォームの作成と基本的には同じです。ただ、あまりにもできることが多く、画面上に大量のボタンやメニューが登場してくるので、一見難しそうに見えてしまうかもしれません。

　Accessのレポート作成には、さまざまな機能が数多く用意されています。本書ではそれらをすべて解説するのではなく、最低限必要となる基本的な機能の基本的な使い方を主軸に解説します。そして、レイアウトなど種類が多数ある機能については、代表的なもののみ説明するにとどめます。その他の機能の使い方については割愛させていただきますので、本書を卒業した後にヘルプや他の書籍などを参照してください。

テーブル「MT_商品」からレポートを作成

それでは、「受注管理」データベースを使って、実際にレポートを作ってみましょう。まずは小手調べとして、テーブル「MT_商品」から商品一覧のレポートを作成します。

Accessを起動して、「受注管理」データベースを開いてください。ナビゲーションウィンドウの「すべてのAccessオブジェクト」から、目的のテーブルである［MT_商品］をクリックして選択します。そして、［作成］タブの［レポート］をクリックしてください（画面1）。

▼**画面1　［レポート］をクリック**

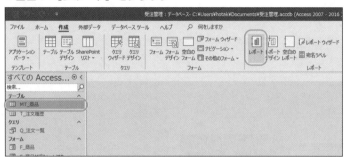

先にテーブル「MT_商品」
を選んでね

すると、画面2のように、テーブル「MT_商品」からレポートが作成されます。レポートの内容を見ると、確かにテーブル「MT_商品」の各フィールドである「商品コード」と「商品名」と「単価」が表の列の見出しとなり、その下にはテーブル「MT_商品」のすべてのレコードのデータが表示されています。

▼**画面2　レポートが作成された**

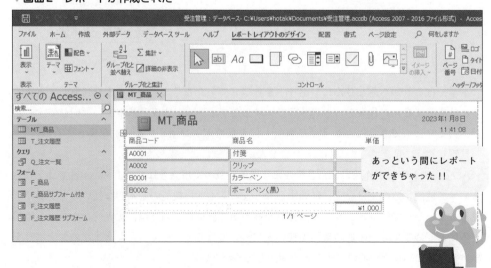

あっという間にレポート
ができちゃった!!

　レポート作成はテーブルやフォームと同様に、複数のビューが用意されています。みなさんが今目にしているのビューは「レイアウトビュー」になります。レイアウトビューとは、レポートの完成形とほぼ同じ見た目であり、見出しや罫線などに加えてデータも表示しつつ、レイアウトや文言の変更など体裁を整えられるビューです。ここでいう「データ」とは、レポートの元になるテーブルのデータや、選択クエリの実行結果としてテーブルから取得するデータのことになります。

　レポートにはこのレイアウトビューの他に、「レポートビュー」と「印刷プレビュー」と「デザインビュー」が用意されています。これら4種類のビューは［ホーム］タブの［表示］の［▼］から切り替えられます（画面3）。

▼**画面3　レポートの4つのビュー**

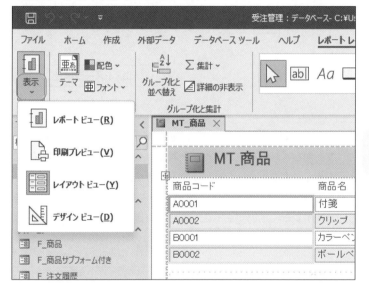

この［▼］から切り替えられるのね

　レポートビューとは、レポートの完成形を閲覧するビューになります。レポートビュー上では、レポートの文言やレイアウトなどの追加・変更はできません。印刷プレビューは文字通り、指定した用紙に印刷したイメージを表示するビューです。この印刷プレビューでも、レポートの文言やレイアウトなどの追加・変更はできません。

　デザインビューとは、レポートの詳細な作り込みを行うビューです。レイアウトビューよりもさらに細部に渡ってカスタマイズできます。その代わり、データは表示されません。初心者には少々とっつきづらいビューと言えます（デザインビューは次節で取り上げます）。

　レポートの作成はこれら4種類のビューを適宜使い分けながら行います。大まかに言えば、全体の見た目をレイアウトビューを整え、細部をデザインビューで作り込みます。その際、レポートビューで完成形を確認したり、印刷プレビューで印刷イメージを確認したりして、必要に応じてレイアウトビューまたはデザインビューに戻り修正します。この一連の作業を繰り返し、目的のレポートを完成させます（図1）。

図1 レポートの各ビューの切り替え、使い分け

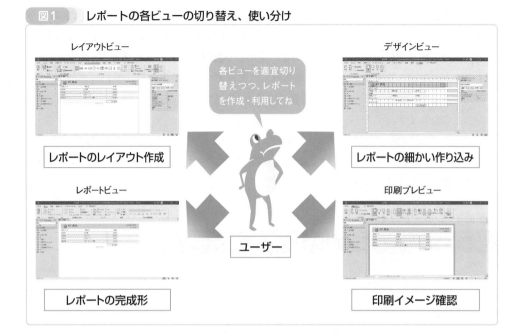

レイアウトビュー

レポートのレイアウト作成

デザインビュー

レポートの細かい作り込み

各ビューを適宜切り替えつつ、レポートを作成・利用してね

レポートビュー

レポートの完成形

印刷プレビュー

印刷イメージ確認

ユーザー

では、試しにレポートビューにて、先ほど作成したレポートの完成形を表示してみましょう。［ホーム］タブの［表示］の［▼］から［レポートビュー］を選んでください。または、［表示］をクリックするだけでも構いません。すると、レポートビューに切り替わり、作成したレポートが表示されます。レイアウトビューとは異なり、レイアウトするための点線やオレンジ色の枠などが表示されません。これがレポートの完成形になります（画面4）。

▼**画面4** レポートビュー

MT_商品		

MT_商品		2023年1月8日 11:41:08
商品コード	商品名	単価
A0001	付箋	¥300
A0002	クリップ	¥350
B0001	カラーペン	¥250
B0002	ボールペン（黒）	¥100
		¥1,000

1/1 ページ

これがレポートの完成形だよ

　完成形を確認したところで、レポートをいったん保存しておきます。クイックアクセスバーの［上書き保存］をクリックしてください。「名前を付けて保存」ダイアログボックスが表示されるので、「R_商品」と入力して［OK］をクリックしてください。レポート名の冒頭の「R_」はテーブル名やクエリ名やフォーム名と同様に、Accessのルールとして必要なものではなく、オブジェクトの種類をわかりやすくする目的で、著者が独自に付けたものになります。ちなみに「R」は「Report」の頭文字になります。

　すると、ナビゲーションウィンドウの「すべてのAccessオブジェクト」に「レポート」というカテゴリが作成され、保存したレポート「R_商品」のアイコンが表示されます。以降、このアイコンをダブルクリックすると、レポート「R_商品」がレポートビューで開きます（画面5）。

▼**画面5　レポートのアイコンが表示された**

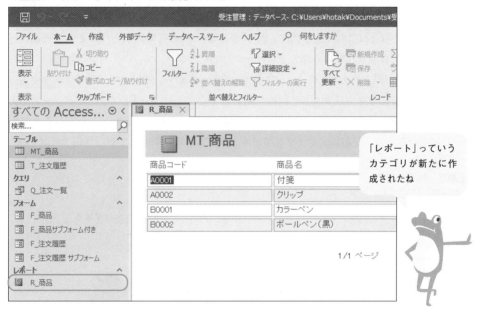

レポートの体裁を整えよう

　先ほどテーブル「MT_商品」から作成したレポートは、見出しが「MT_商品」とテーブル名のままになっているなど、見た目がイマイチな部分がいくつかあります。それでは、レポートの体裁を整えてみましょう。整えるべき部分は多数あるのですが、ここでは見出しの文言の変更、「商品コード」の列幅調整、ロゴ画像の貼り付けの3点について、レイアウトビュー上で体裁を整えるとします。ロゴ画像は見出しの左側のスペースに貼り付けます。

　さっそく作業に取りかかりましょう。まずは［ホーム］タブの［表示］からレイアウトビューに切り替えてください。最初は見出しの文言の変更です。「MT_商品」と表示されている箇所を2回クリックして、カーソルが点滅した状態にしてください。これで文言の修正が可能となります。ここでは「商品一覧」という見出しに変更するとします。「MT_商品」を「商品一覧」に書き換えてください（画面6）。

▼**画面6　見出しの文言の変更**

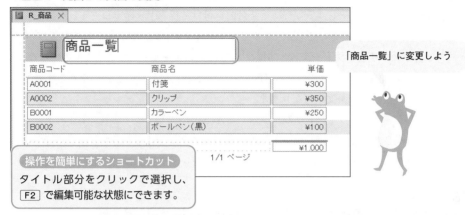

「商品一覧」に変更しよう

操作を簡単にするショートカット
タイトル部分をクリックで選択し、
[F2] で編集可能な状態にできます。

　見出しの文言の修正はこれで完了です。次に「商品コード」の列幅調整を行います。「商品コード」とラベル名が表示されている部分をクリックしてください。するとオレンジ色の線で「商品コード」の文字が囲まれます。続けて、[Ctrl] キーを押しながら、「商品コード」のデータが入っているボックスの部分をクリックし、同時に選択してください（いずれか1つのボックスをクリックすれば、すべて同時に選択できます）。右側の境界にマウスポインタを重ねると形が [←→] に変わるので、左右にドラッグして、ちょうどよい幅に調節してください（画面7）。

▼**画面7　列幅の調整**

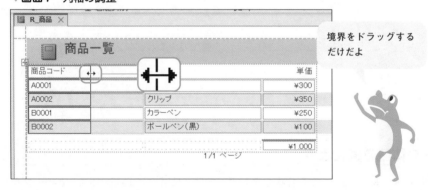

境界をドラッグする
だけだよ

　最後はロゴ画像の貼り付けです。レポートには、会社のロゴなどの画像を貼り付けられるようになっています。ここでは、ダウンロードデータ（P5参照）に含まれている画像ファイル「logo.jpg」を用いるとします。
　まずはレポート上でロゴの部分（見出しのすぐ左側。薄緑色のアイコンの箇所）をクリックして選択してください。そして、[レポートレイアウトのデザイン]タブの[イメージの挿入]→[参照]をクリックしてください。「図の挿入」ダイアログボックスが表示されるので、「logo.jpg」を指定して［OK］をクリックしてください。すると、今までレポート見出しの横に表示されていた画像が「logo.jpg」に変わります（画面8）。

▼**画面8　ロゴ画像の貼り付け**

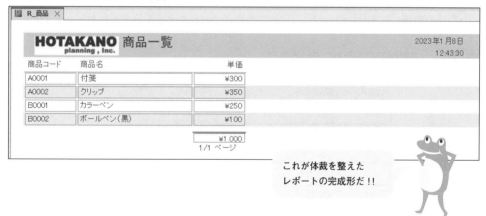

好きな画像を
貼り込めるよ

　貼り付けたロゴ画像はドラッグで場所を移動したり、境界線をドラッグして大きさを変えたりできますので、適宜調整してください。

　以上で体裁を整えたレポートは完成です。再びレポートビューに切り替えると、画面9のように表示されます。

▼**画面9　レポートビューで表示**

これが体裁を整えた
レポートの完成形だ!!

　レイアウトビューでは他にもさまざまな機能を使って体裁を整えることができます。たとえば、[レポートレイアウトのデザイン] タブの [テーマ] を利用すれば、フォーム作成の時に学んだのと同様に(6-5節P261参照)、ワンクリックでレポート全体の見た目を変えられます。

　なお、レポートの右上に表示されている日付と時刻、下にある「1/1ページ」という表示については次節で説明します。

7-3 選択クエリからレポートを作成

元となる選択クエリを作成

前節ではテーブルからレポートを作成する方法を学びました。本節では次のステップとして、選択クエリからレポートを作成する方法を学びます。

本節で選択クエリから作成するレポートのお題目を次の通りとします。

> カラーペンの注文総額をレポートにまとめる

このお題目は、カラーペンという特定の商品の注文状況を調べるために、データベースに格納されている注文のデータ全体から、該当するレコードのデータを抽出・加工して、レポートにまとめるというものです。具体的なまとめ方は、現在テーブル「T_注文履歴」に格納されている全7件の注文のレコードの中から、カラーペンの注文だけを抜き出し、まずは注文ごとに単価×個数で小計を出すとします。そして、すべての注文の小計を足し合わせて合計を出し、これを注文総額とします。ついでに、すべての注文の個数の合計も出すとしましょう（図1）。

図1　お題目でやろうとしていること

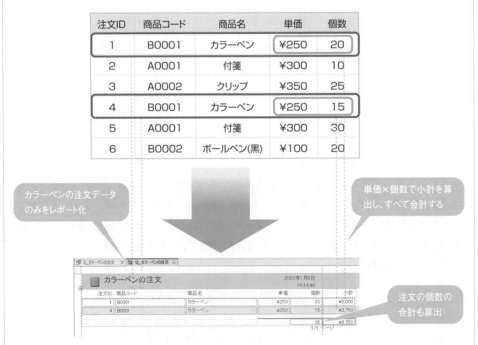

274

　まずはレポートの元となる選択クエリを作成します。ここではゼロから選択クエリを考えるのではなく、5-6節の【例2】（P224参照）にて単価×個数で小計を算出する選択クエリを作成していますので、それを利用することにします。おさらいになりますが、【例2】の選択クエリでは、演算フィールドに「小計:[MT_商品.単価]*[T_注文履歴.個数]」と指定することで、各注文の小計を求めています。

　お題目のレポートの元となる選択クエリは、カラーペンの注文だけの小計がわかればよいという選択クエリから作成になります。したがって、5-6節の【例2】のクエリを、カラーペンの注文のみを取り出すように抽出条件を変更すればOKです。ということは、クエリのデザインビューでは、5-6節の【例2】のクエリと同じ設定に加え、フィールド「商品名」の「抽出条件」に「カラーペン」という文字列を指定すればOKです（以上の流れがわからない方は、5章を復習しておきましょう）。

　では、［作成］タブの［クエリデザイン］をクリックし、クエリを新規作成してください。そして、お題目のレポートの元となる選択クエリを作成するため、下記の画面のように指定してください。フィールド「商品名」に抽出条件「カラーペン」が追加されている以外は、5-6節（P225）の選択クエリと全く同じです。画面では、演算フィールドはズーム機能を利用しています（画面1）。

▼**画面1　お題目用の選択クエリ**

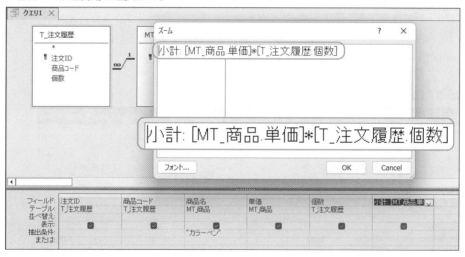

　では、この選択クエリが意図通りにデータを抽出してくれるか、一度実行して確かめてみましょう。［デザイン］タブの［実行］をクリックしてください。次の画面2のように意図通りにデータを抽出されたか確認してください。

▼**画面2 選択クエリの動作をチェック**

注文ID	商品コード	商品名	単価	個数	小計
1	B0001	カラーペン	¥250	20	¥5,000
4	B0001	カラーペン	¥250	15	¥3,750
(新規)					

うん。確かに目的通りに
データを抽出できるぞ

ポ イ ン ト

元となる選択クエリが意図通り動作するか必ず確認しよう

確認できたところで、クイックアクセスバーの[上書き保存]をクリックして、選択クエリを保存します。ここではクエリ名は「Q_カラーペンの注文」とします。

選択クエリ「Q_カラーペンの注文」からレポートを作成

元となる選択クエリ「Q_カラーペンの注文」が完成したところで、さっそくその選択クエリからレポートを作成してみましょう。選択クエリからレポートを作成する方法は、前節で学んだテーブルからレポートを作成する方法と基本は同じです。

では、実際の作成作業に移ります。ナビゲーションウィンドウの「すべてのAccessオブジェクト」にて、[Q_カラーペンの注文]をクリックして選択してください。そして、[作成]タブの[レポート]をクリックしてください(画面3)。

▼**画面3 [レポート]をクリック**

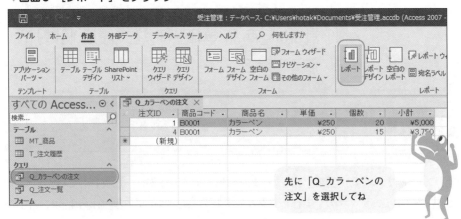

先に「Q_カラーペンの
注文」を選択してね

すると、画面4のようにレポートが作成され、レイアウトビューで表示されます。レポート内には、選択クエリ「Q_カラーペンの注文」の実行結果で得られる2件のレコードが表示されています。それぞれの注文の右端に、小計が算出されています。このように、たったこれだけの操作で、選択クエリからレポートを作れてしまうのです。

▼**画面4　作成されたレポート**

選択クエリ「Q_カラーペンの注文」の検索結果がそのままレポート化されているね

　次に、レポートの体裁を整えましょう。まずは見出しを修正します。ここでは「Q_カラーペンの注文」となっているのを、「カラーペンの注文」に修正するとします。前節で学んだ方法に従い修正してください。

　また、作成したレポートをよく見ると、「単価」の下に「¥500」と表示されています。「単価」の金額から察するに、2件のレコードの単価を足した値のようです。

　実はこの「¥500」は、まさに2件のレコードの小計を足した値になります。このようにレポートを作成する際、合計がデータから適宜判断され、自動的に追加されるようになっています。この単価の合計はレポートに必要ないので、削除しましょう。単価の合計の部分を選択した後、右クリック→［削除］をクリックしてください（画面5）。

▼**画面5　単価の合計を削除する**

これは不要だから
削除しよう

　これで単価の合計を削除できました（画面6）。

▼**画面6　単価の合計を削除できた**

	2023年1月8日
	16:09:49

名	単価	個数	小計
〜ペン	¥250	20	¥5,000
〜ペン	¥250	15	¥3,750

1/1 ページ

必要ないものが
削除できたよ

　さて、お題目では、レポート上にて個数および小計の合計も求めて表示するのでした。Accessには、レポート上のフィールドから合計を求めて表示する機能が用意されています。では、実際に体験してみましょう。まずは「個数」と表示されている部分をクリックして選択します。選択されると、「個数」の部分がオレンジの線で囲まれます。その状態で、［レポートレイアウトのデザイン］タブの［集計］をクリックして、ドロップダウンから［合計］をクリックしてください（画面7）。

▼**画面7　［合計］をクリック**

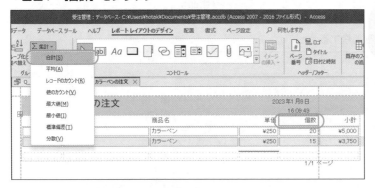

先に「個数」の部分を
選択してね

　すると、このように「単価」の列の一番下に罫線が引かれ、合計値である「35」という数値が表示されます。たったこれだけの操作で合計を算出・表示できるのです（画面8）。

▼**画面8　個数の合計**

こんなカンタンに合計が
求まるんだね

同様の手順で、小計の合計も求めて表示してください。求めた小計の合計値は通常の数値の形式で表示されているので、通貨の形式に変更しましょう。小計の合計を選択した状態で、［書式］タブの［通貨の形式を適用］をクリックしてください（画面9）。

▼**画面9 ［通貨の形式を適用］をクリック**

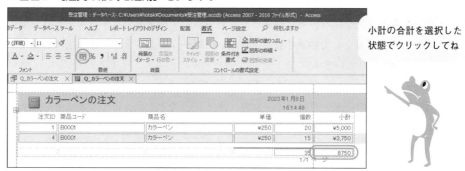

小計の合計を選択した状態でクリックしてね

これで、小計の合計が通貨の形式で表示できました（画面10）。

▼**画面10 通貨の形式に変更された**

アタマに「¥」マークが付いて、3桁ごとにカンマで区切られたよ

他にも体裁を整えるべき箇所はいくつかあるのですが、今回はここまでとします。クイックアクセスバーの［上書き保存］をクリックして保存しましょう。レポート名は「R_カラーペンの注文」とします。

デザインビューでレポートの中身をのぞいてみよう

ここで一度、作成したレポート「R_カラーペンの注文」をデザインビューで見るとします。［ホーム］タブの［表示］の［▼］から［デザインビュー］をクリックし、表示をデザインビューに切り替えてください。すると、画面11のように表示されるかと思います。

▼**画面11 デザインビューに切り替え**

デザインビューだとデータが表示されないんだったね

　繰り返しになりますが、デザインビューではレポート上に載るデータは表示されません。レポートの見出しや表の列のタイトル、データを表示するための枠など、レポート上の“部品”のみが表示されます。

　Accessでは、これらレポート上の“部品”のことを総称して、「**コントロール**」と呼びます。コントロールにはさまざまな種類があります。ただ文字列を表示するコントロールもあれば、レポートの元となる選択クエリの実行結果として得られたデータを表示するコントロールもあれば、何かしらの計算をした結果を表示するコントロールもあります。その他にも多彩なコントロールが用意されています。

　今、みなさんがデザインビューで見ているレポート「R_カラーペンの注文」で、レポート見出しの「カラーペンの注文」や列タイトルの「注文ID」など、決まったテキストを表示するコントロールのことを「**ラベル**」と呼びます。また、「詳細」と描かれたエリアに、「注文ID」など列タイトルと同じ名前のボックスがあります。これらは「**テキストボックス**」と呼ばれます。テキストボックスでは、レポートの元となる選択クエリの実行結果として得られたデータを表示できます。「詳細」と描かれたエリアにあるテキストボックスがそれに該当します。

　とりあえずこの「ラベル」と「テキストボックス」という2種類のコントロールをおぼえてください（図2）。

図2　レポート「R_カラーペンの注文」のコントロール

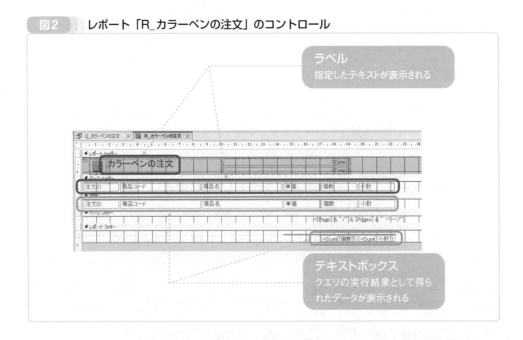

　また、画面上に「=Date()」と表示されたテキストボックスや「=Sum([個数])」と表示されたテキストボックスなどがあります。これらは初心者には少々難しいのですが、「Date()」は日付を取得するDate関数になります。関数は4-8節（P140）で選択クエリに利用する方法を学びましたが、このようにレポートのテキストボックスでも利用できるのです。

　ただし、テキストボックスに関数指定する際は、クエリでのデザイングリッドと違い、頭に「=」と付けて記述するルールとなっています。クエリでのデザイングリッドの場合と混同しないよう注意してください。そして、「=Date()」の下にある「=Time()」には、時刻を取得するTime関数が使われています。

　今度は「レポートフッター」と書かれているエリアの右側に注目してください。「=Sum([個数])」という記述がありますが、これは合計を求める関数「Sum」によって、指定したフィールドの合計を求める記述になります。では、どのフィールドを指定しているかというと、「個数」になります。

　Sum関数の「()」の中には、「[個数]」と指定されています。テキストボックスでは「[個数]」のように、フィールド名を「[」と「]」で括り「[フィールド名]」という書式で記述することで、そのフィールドの値を表示したり、関数の引数（4-8節P140参照）に使ったりできるようになります。さらには、算術演算子（4-7節P130参照）と組み合わせて、演算結果を表示することなどにも使えます（4章で学んだ内容がたくさん登場しているので、忘れてしまった方は4章をおさらいしておきましょう）（図3）。

図3　テキストボックスで関数や算術演算子を利用する

　したがって、テキストボックスに「=Sum([個数])」と指定することで、フィールド「個数」の合計を求められます。その隣にある「=Sum([小計])」という記述は同様にSum()関数を使い、フィールド「小計」の合計を求めています。ゆえに、レポートビューやレイアウトビューなどで見ると、レポート上に個数や小計の合計が表示されるのです。

　これら「=Sum([個数])」などの記述は、実際には「プロパティシート」上に指定します。プロパティシートとは、コントロールの見た目や動作をはじめ、さまざまな属性を設定するシートです。プロパティシートを開くには、目的のプロパティを選択し、[デザイン]タブの[プ

ロパティシート] をクリックします。たとえば、「=Sum([個数])」というテキストボックスの
プロパティシートを開くには、次の画面12のように、「=Sum([個数])」というテキストボック
スを選択し、[レポートデザイン] タブの [プロパティシート] をクリックします。

▼**画面12** [プロパティシート] をクリック

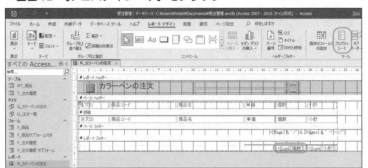

レポートのプロパ
ティシートはこう
やって開くんだね

> **操作を簡単にするショートカット**
> [F4] でプロパティシートの表示／非表示の切り替えができます。

　すると、「=Sum([個数])」というテキストボックスのプロパティシートが画面右側に表示さ
れます（画面13）。画面13は [すべて] タブを表示した状態です。

▼**画面13** テキストボックスのプロパティシート

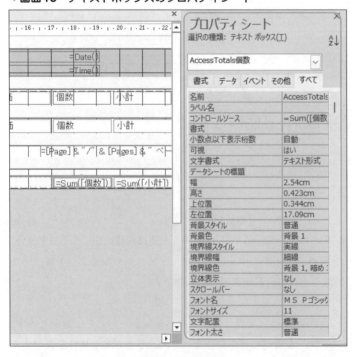

たくさん項目があるね

プロパティシートの項目はカテゴリごとに［書式］、［データ］、［イベント］、［その他］とい
うタブで分類されています。［すべて］タブには全カテゴリの項目がすべて表示されます。
フィールド「個数」の合計を求める「=Sum([個数])」という記述は、［データ］タブの［コント
ロールソース］という項目に指定されています。指定する際は「=Sum([個数])」と直接書き込
むか、右クリック➡［ズーム］でズームウィンドウを開いて指定しても構いません（画面14）。

▼**画面14　コントロールソース**

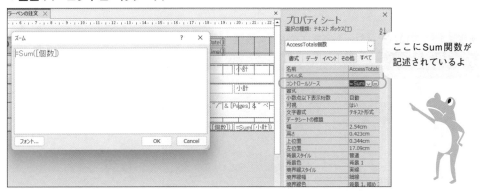

一方、「ページフッター」というエリアのテキストボックスには、「=[Page] & "/" & [Pages]
& "ページ"」と記述されています。この記述はいろいろ要素があって、初心者には難しいの
ですが、以下にザッと説明だけしておきます。すぐに理解できなくても構わないので、
Accessに慣れてきたころに再び見直してください。

　[Page]はレポートの現在のページを取得します。「&」は文字列を連結する演算子です。[Pages]
はレポート全部のページ数を取得します。文字列は「"」で囲んで指定するのでした。以上を踏
まえると、「=[Page] & "/" & [Pages] & "ページ"」は次の図のような意味になります（図4）。

図4　「=[Page] & "/" & [Pages] & "ページ"」の図解

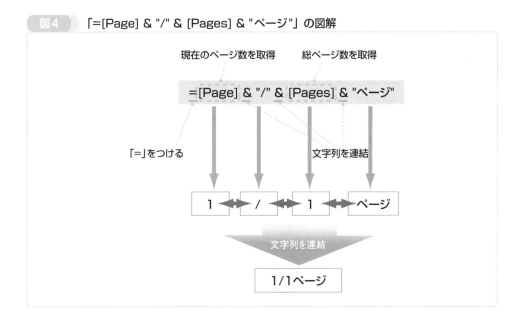

　他にもさまざまなプロパティシートの項目があります。たとえば、［書式］タブの［書式］という項目では、テキストボックスに表示されるデータの書式を設定します。ドロップダウンから、［日付］や［通貨］などの書式が選べます。「=Sum([小計])」というテキストボックスなら、プロパティシートの［書式］タブを開けば、［書式］に［通貨］と設定されているのが確認できるかと思います。ドロップダウンを開くと、他に設定可能な書式が表示されます。なお、先ほどレイアウトビューで行った7-3節の画面9の操作は、このプロパティシートの［書式］という項目を［通貨］に設定したのと同じことになります（画面15）。

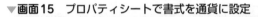

▼画面15　プロパティシートで書式を通貨に設定

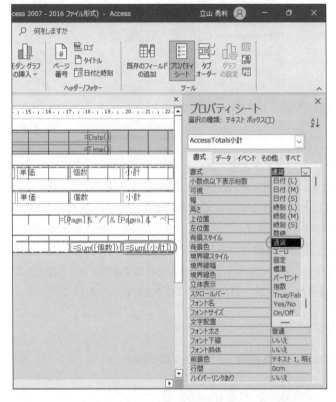

レイアウトビュー上で書式を通貨に設定するのと同じことなんだね

　ここまでプロパティシートの説明をしましたが、Accessにはプロパティシートの項目が多数あるだけでなく、さらにはコントロールについても、ラベルやテキストボックスの他にさまざまな種類があります。本書では、その他のプロパティシートやコントロールの解説はページ数の都合上割愛させていただきますので、他の書籍などで必要に応じて調べてください。

　前節でもレポート「R_商品」のレイアウトビューにて、体裁を整える作業を行っていただきましたが、操作した対象はコントロールになります。このようにレポートは、さまざまな種類のコントロールが複数集まって作られていると言えます。そして、コントロールは自由に追加し、動作を設定できます。コントロールを配置し、レイアウトを整えることで、目的のレポートを作り上げていくのです。

　また、前章で学んだフォーム上の"部品"もコントロールになります。フォームはデータ入力のためのコントロールを中心に作られていることになります。

レポートの活用例

　本節ではお題目の通り、カラーペンの注文総額のレポート作成を例に解説しました。この例はいわゆるデータ分析になります。Accessのレポートはデータ分析のみならず、各種書類の作成にも多用されます。たとえば、請求書です。6-4節の最後でも取り上げましたが、P302の資料5「正規化」で登場するようなデータベースにおいて、指定した顧客の指定した期間の注文を抽出する選択クエリを作成します。そして、その選択クエリを元にレポートを作成し、請求書の体裁にレイアウトを整えれば、請求書発行の業務アプリケーションができあがります。

　このようにレポートは、テーブルやクエリやフォームといったAccessの機能と組み合わせることで、リレーショナルデータベースを軸とした業務アプリケーションを作ることができるのです。

レポートから逆算してテーブルを設計

テーブルを設計する際、まず最初に必要なフィールドを決めます。どのようなフィールドを用意すればよいか決めるのに有効な方法の1つが、最終的に出力したいレポートから逆算して決めるという方法です。

たとえば、請求書をレポートとして出力するなら、まずは顧客名や商品名など、請求書の項目を決めます。そして、請求書の項目のデータを取得するには、どのようなフィールドが必要か割り出していきます。その方法はいくつかありますが、たとえば、請求書の項目を一度1つの表にまとめ、「正規化」（P302の資料5参照）などの手法を使ってフィールドを整理し、必要に応じて複数のテーブルに分割していくなどです。

レポートからテーブルの構成が決まれば、あとはテーブルへデータを入力するフォームを作成します。これでエンドユーザーにとって入り口となるフォームと、出口となるレポートが決まり、アプリケーションの体をなします。このようにレポートというゴールから逆算し、データベースおよびアプリケーションを設計・作成していくのです（図）。

図 レポートから逆算する

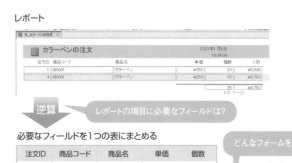

テーブル「T_注文履歴」

注文ID	商品コード	個数
1	B0001	20
2	A0001	10
3	A0002	25
4	B0001	15
5	A0001	30

テーブル「MT_商品」

商品コード	商品名	単価
A0001	付箋	¥300
A0002	クリップ	¥350
B0001	カラーペン	¥250

コラム

レポート作成のウィザード

Accessではレポートを作成するのにウィザードも利用できます。通常のレポートに加え、特殊なウィザードとして、伝票を作成する「伝票ウィザード」と、はがきに印刷する「はがきウィザード」が用意されています。それぞれ、[作成] タブの「レポート」内にあるボタンをクリックすれば、ウィザードを起動できます。

▼「レポート」内にあるボタンをクリック

●伝票ウィザード

宅配便や納品書、売上伝票、請求書など、よくある伝票のテンプレートが用意されているので、目的の伝票を選びます。

▼目的の伝票を選ぶ（伝票ウィザード）

宛先や品名など、伝票の各欄について、対応するフィールドを指定していけば、伝票が完成します。

▼対応するフィールドを指定（伝票ウィザード）

●はがきウィザード

年賀はがきや往復はがきといったはがきのテンプレートが用意されているので、目的のはがきを選びます。

▼目的のはがきを選ぶ（はがきウィザード）

住所や氏名など、はがきの各欄について、対応するフィールドを指定していけば、はがきが完成します。

▼対応するフィールドを指定（はがきウィザード）

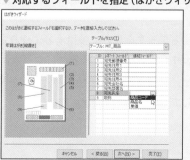

7 レポート

資料1 重複するデータを除く選択クエリとグループ化して集計する選択クエリ

　重複する値を除く選択クエリとは、指定した条件で検索したデータの中に同じデータがある場合、1つにまとめて抽出する選択クエリになります。データベースの指定したフィールドのデータについて、どのような種類のデータが格納されているのかを調べたい場合などに有効な選択クエリです。

　たとえば、「蔵書」データベースのテーブル「本」から、フィールド「出版社」を検索する選択クエリ（画面1）を作成・実行すると、同じ出版社がそれぞれ2つずつ抽出されます（画面2）。なお、ご自分で実際に試したい場合、データベースファイル「蔵書」は4-10節のものをお使いください（4-11節でレコードを2件削除しているため）。

▼画面1　デザイングリッド

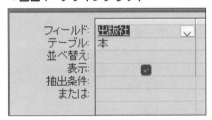

普通にフィールド「出版社」を検索すると…

▼画面2　検索結果

同じ出版社が重複して検索されちゃう

　重複するデータを除いて抽出するよう設定するには、デザインワークスペースをクリックしてクエリ全体を選択した状態にして、［クエリデザイン］タブの［プロパティシート］をクリックします。画面右側にプロパティシートが開くので、［標準］タブの「固有の値」で［はい］を指定してください（画面3）。

▼**画面3** 「固有の値」で［はい］を指定

をクリックしてから、［プロパティシート］をクリックしてね

これでクエリは完成です。［クエリデザイン］タブの実行をクリックしてクエリを実行すると、画面4のように、重複するデータを除いて出版社が抽出されるようになります。

▼**画面4** 出版社が重複せず抽出される

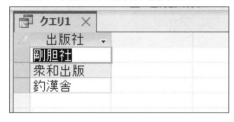

今度は重複せずに検索できた！

　グループ化して集計する選択クエリとは、指定したフィールドで同じデータを持つレコードを1つのグループとしてまとめ、指定したフィールドの値を集計して検索する選択クエリになります。たとえば、「蔵書」データベースのテーブル「本」にて、出版社でグループ化して、書籍の価格の合計を求める選択クエリを作成するとします。

　まずは必要なフィールドとして、フィールド「出版社」と「価格」をデザイングリッドに追加します。そして、［クエリデザイン］タブの［集計］をクリックします（画面5）。

▼**画面5**　[集計] をクリック

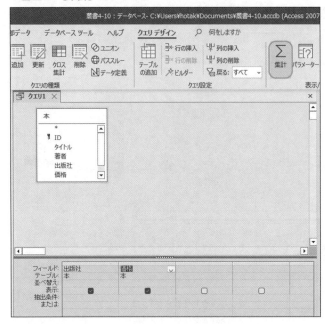

[集計] をクリックしてね

　すると、デザイングリッドに「集計」の行が追加されます。「出版社」の列の「集計」のセルを [グループ化] に設定し、「価格」の列の「集計」のセルを [合計] に設定します（画面6）。

▼**画面6**　「価格」の「集計」を [合計] に設定

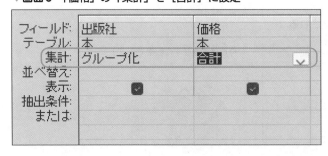

「集計」の行が使えるようになったね

　これでクエリは完成です。[クエリデザイン] タブの実行をクリックしてクエリを実行すると、画面7のように、出版社でグループ化して書籍の価格の合計が抽出されるようになります。合計のフィールド名は自動で「価格の合計」と表示されます。

▼**画面7　合計が抽出される**

どうしてこんな検索結果が得られたのかは、図1を見てね

図1　出版社でグループ化して、書籍の価格の合計を求める

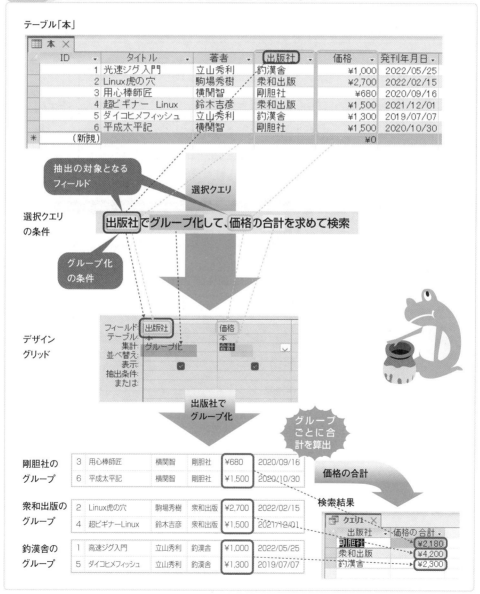

資料2 Accessのマクロ機能

マクロ

「マクロ」とは、Accessの操作や処理を自動実行する機能です。マクロを使えば、何度もクリックが必要となる一連の操作をワンクリックで実行できるなど、自動化することができます。加えて、フォームやレポートのコントロール類を操作した際、指定した処理を実行することもできます。たとえば、フォーム上に配置したボタン（コマンドボタン）をクリックすると、レポートを表示したり印刷したりするなどです（画面1）。

▼**画面1　マクロの例**

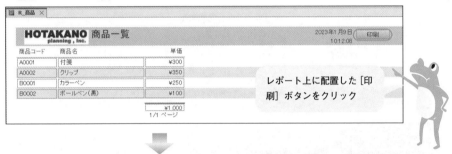

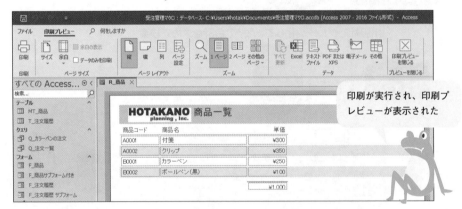

マクロを使って、さまざまな処理を実行するボタンをフォームやレポート上に複数作成すれば、ちょっとしたユーザーインターフェースを備えた業務アプリケーションを作成することができるでしょう。

マクロビルダーを使ってマクロを作ろう

マクロを作成する方法は何種類か用意されています。それぞれの方法について、作成するための機能や付属ツールが用意されています。

もっともポピュラーなのが、「マクロビルダー」という機能を利用して作成する方法です。

GUIのわかりやすい画面にて、自動実行したい処理を一覧から選び、細かい設定を指定するという手順でマクロを手軽に作成できます。

たとえば、レポート上に配置したボタンをクリックした際に実行したい処理をマクロビルダーで作成するには、まずはレポートのデザインビューにて、[レポートデザイン] タブの「コントロール」から [ボタン] を選び、レポート上でドラッグして配置します。そして、ボタンを選択した状態で、プロパティシートの [イベント] タブを開きます。続けて、「クリック時」の [...] をクリックします（画面2）。

▼**画面2 ボタンのプロパティシートの [イベント] タブの [...] をクリック**

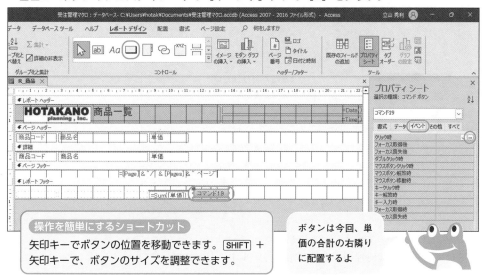

たとえば、「ビルダーの選択」ダイアログボックスが表示されるので、[マクロビルダー] を選んで [OK] をクリックします（画面3）。

▼**画面3 [OK] をクリック**

[マクロビルダー]
を選んでね

すると、デザインワークスペースにマクロビルダーのタブが開きます（リボンのタブ名は［マクロデザイン］）。「新しいアクションの追加」のボックスに、実行したい処理をドロップダウンから選んで指定します（実行したい処理のことは「**アクション**」と呼ばれます）（画面4）。

▼**画面4　アクションをドロップダウンから選ぶ**

続けて、指定した処理の細かい設定を行います。たとえば、「フォームを開く」という処理なら、具体的にどのフォームを開くのかを「フォーム名」のドロップダウンから設定します（画面5）。

▼**画面5　どのフォームを開くのかを設定**

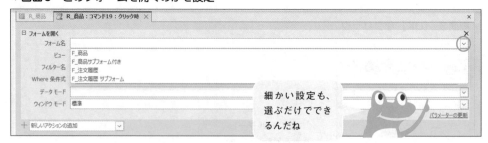

このような手順で、必要な処理を必要な数だけ並べて指定していきます。他にも、条件に応じて処理を変えたり、指定した回数だけ処理を繰り返し実行したりするなど、処理の流れを制御することも可能です。

マクロビルダー以外のマクロ作成方法

　マクロビルダーでは作成できないような複雑な処理や高度な機能のマクロは、「VBA」（Visual Basic for Applications）というプログラミング言語を用い、プログラミングして作成することになります。VBAのプログラミングによってマクロを作成するには、「VBE」（Visual Basic Editor）というAccess付属の専用ツールを用います（画面6）。

▼**画面6　Visual Basic Editor**

これはちょっと難しそうだね

操作を簡単にするショートカット
Alt + F11 で VBE を開くことができます。

資料

　AccessのマクロおよびVBAにご興味がある方、作成方法をもっと詳しく知りたい方は、本書の姉妹書『Access マクロ&VBAのプログラミングのツボとコツがゼッタイにわかる本 2019/2016対応』をご覧いただければ幸いです。

● ナビゲーションフォーム

「ナビゲーションフォーム」とは、複数の既存のフォームをタブで切り替えて表示できる特殊なフォームです。タブの形状は大きく分けて水平および垂直の2タイプがあり、全部で6種類から選べます。

● ナビゲーションフォームの例

「垂直タブ」の形状のナビゲーションフォームに、フォーム「F_商品」と「F_注文履歴」を登録したとします。タブをクリックすれば、フォームが切り替わります（画面1、2）。

▼**画面1**　[F_商品] タブをクリックすると、フォーム「F_商品」が表示される

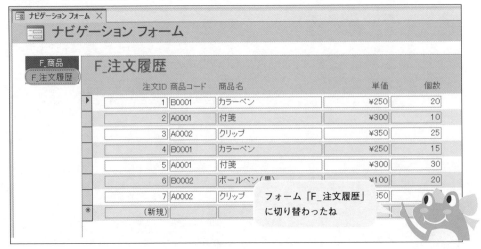

▼**画面2**　[F_注文履歴] タブをクリックすると、フォーム「F_注文履歴」が表示される

　ナビゲーションフォームの作成の大きな流れは、まずはナビゲーションフォーム本体を作成します。［作成］タブの「フォーム」にある［ナビゲーション］をクリックし、タブの形状の種類を選びます（画面3）。すると、指定したタブの形状で、ナビゲーションフォームが作成されます。

▼**画面3　タブの形状の種類を選ぶ**

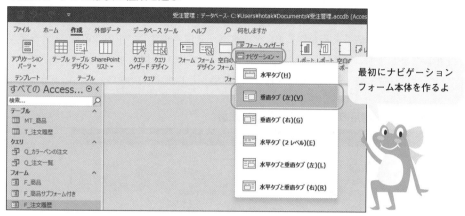

　続けて、そのナビゲーションフォームで切り替えて表示したいフォームを登録します。タブの部分に「新規追加」が表示されるので、ナビゲーションウィンドウ上のフォーム一覧から、登録したいフォームのアイコンをドラッグして追加していきます（画面4）。

▼**画面4　ナビゲーションフォームにフォームを登録**

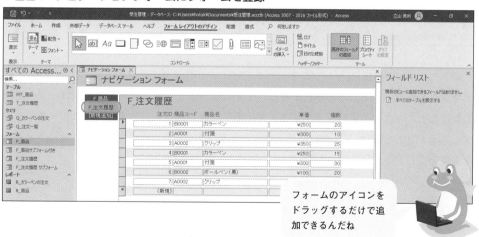

　これでナビゲーションフォームは完成です。フォームビューに切り替えれば、タブをクリックでフォームを切り替えて表示することができます。

　このようにナビゲーションフォームは、複数のフォームを開くポータルのようなフォームを作成したい場合などに有効な機能です。

「**データマクロ**」とは、データの追加・更新・削除など、テーブルで発生したできごと（専門用語で「**イベント**」と呼びます）を契機に、指定した処理を自動で実行できる機能です。

どのような機能なのか、具体例をお見せした方が理解しやすいので、今回は簡単な例として、「テーブルのデータを変更（更新）したら、その日時を自動で記録する」という機能のデータマクロの作り方と動作結果を紹介します。データベースは本書サンプルの「蔵書」、テーブル「本」を用いるとします。変更した日時の記録用にフィールドを別途追加するとします。フィールド名は「変更日時」で、データ型は「日付／時刻型」とします（画面1）。

▼画面1　変更日時記録用のフィールドを新たに追加

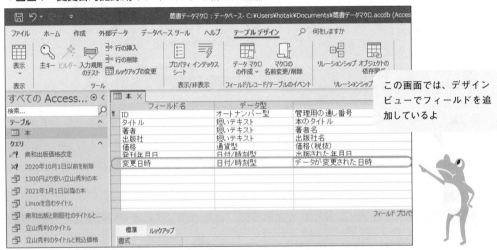

データマクロの作成は、テーブルをデザインビューで開き、［テーブルデザイン］タブの［データマクロの作成］以下にある項目から行います（画面2）。これらの項目は、レコードを追加した後など、マクロを実行するタイミングに応じて複数種類あります。今回はデータを変更するタイミングで実行したいので、［変更前］を選びます。レコードを保存する前に指定したマクロを実行する項目になります。

▼**画面2** ［データマクロの作成］→［変更前］を選ぶ

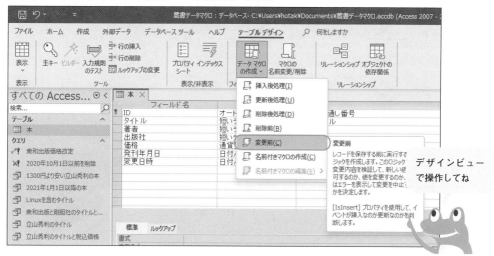

　すると、［マクロデザイン］タブに切り替わります。マクロを作成する画面です。まずは実行したい命令をボックスの一覧から選びます。今回の処理内容のマクロを作成するには、［フィールドの設定］を選びます（画面3）。

▼**画面3** ［フィールドの設定］をクリック

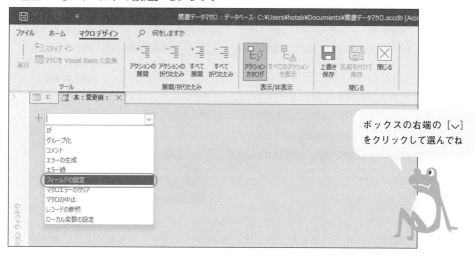

　すると、「フィールドの設定」の命令が挿入され、「名前」と「値」のボックスが表示されます。「名前」のボックスに、変更した日時の記録先であるフィールド「変更日時」の名前を入力します。「値」のボックスには、現在の日付・時刻を取得する「Now」という関数を「Now()」と入力します。入力できたら、［上書き保存］をクリックします（画面4）。

▼画面4　フィールドの名前と値を設定する

> Now関数は「Now」
> の後ろに「()」を
> 付けてね

　これで目的のデータマクロを作成できました。さっそく試してみましょう。テーブル「本」をデータシートビューに切り替えてください。今回は4つ目のレコード（フィールド「タイトル」が「平成太平記」のレコード）の価格を1500円から1400円に変更するとします（画面5）。

▼画面5　フィールド「価格」を1400に変更

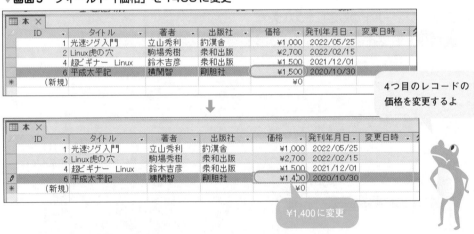

> 4つ目のレコードの
> 価格を変更するよ

> ¥1,400に変更

　これで作成したデータマクロが実行されます。別の行のレコードに移動すると、4つ目のレコードのフィールド「変更日時」に、変更を行った日時が記録されていることが確認できます（画面6）。このようにフィールド「変更日時」にデータをユーザーが自分で入力しなくても、データマクロによって自動で入力されました。

　なお、別のレコードに移動しないと、データマクロの実行結果が表示されないので注意してください。また、フィールド「変更日時」に「#」しか表示されなければ、列の境界部分をドラッグするなどして、列幅を広げれば画面6のように日時が表示されます。

▼**画面6　データマクロによって、更新日時が自動で入力された**

ID	タイトル	著者	出版社	価格	発刊年月日	変更日時
1	光速ジグ入門	立山秀利	釣漢舎	¥1,000	2022/05/25	
2	Linux虎の穴	駒場秀樹	衆和出版	¥2,700	2022/02/15	
4	超ビギナー Linux	鈴木吉彦	衆和出版	¥1,500	2021/12/01	
6	平成太平記	横関智	剛胆社	¥1,400	2020/10/30	2023/01/09 11:02:15
*	(新規)			¥0		

更新日時が入力されたね！
もし入力されなければ、
別のレコードに移動してね

　他にもデータマクロを利用すれば、テーブルのデータ操作にまつわるさまざまな処理を自動化できます。

データの正規化

ここでは、これまで名前だけ紹介した「**正規化**」について解説します。正規化とは、データの重複をなくし、テーブルを適宜切り出して、最適なかたちに整えるための方法です。

正規化には、何段階かあります。一般的には、第1～3正規化が広く使われています。それぞれの条件は次の通りです。

●第1正規化
　繰り返される列がない

●第2正規化
　主キーの値が決まると、他の列の値が必ず決まる

●第3正規化
　主キー以外の列の値によって、他の列の値が決まることがない

第3正規化の上のレベルには、第4～5正規化などがありますが、通常はこの第1～3正規化が行われます。では、正規化を行うには具体的にどうすればよいか、サンプルを使って各段階ごとに解説します。

今回用いるサンプルは、次のような注文管理を表計算ソフトで行っているものとします（表1）。

ありがちな表ですが、列の並びよく見ると、「商品コード1」「商品名1」「単価1」「個数1」、「商品コード2」「商品名2」「単価2」「個数2」と、同じ種類である商品コードと商品名と単価と個数の列が1つの行に並ぶようになっています。また、データも「商品コード2」以降がない行も混じっています。これでは、RDBMSでテーブルを作成してデータを登録するには不都合です。この表を第1正規化から順番に正規化していきます。

▼表1　表計算ソフトで注文を管理

注文ID	日付	顧客ID	顧客名	顧客住所	商品コード1	商品名1	単価1	個数1	商品コード2	商品名2	単価2	個数2
OD0001	2023/4/1	CS0001	A商事	東京都港区	B0001	カラーペン	250	20	A0001	付箋	300	20
OD0002	2023/4/1	CS0002	B建設	東京都足立区	A0001	付箋	300	10				
OD0003	2023/4/2	CS0003	C電気	神奈川県横浜市	A0002	クリップ	350	25	B0002	3色ペン	350	10
OD0004	2023/4/3	CS0001	A商事	東京都港区	C0001	OA用紙	500	10	A0002	クリップ	350	30
OD0005	2023/4/3	CS0003	C電気	神奈川県横浜市	A0001	付箋	300	30				

●第1正規化

第1正規化の条件は「繰り返される列がない」でした。まずは先ほどの表を、同じ行に同じ種類の列が並ばないよう、「商品コード」「商品名」「単価」「個数」と統合します（表2）。

▼**表2 同じ種類の列を統一**

注文ID	日付	顧客ID	顧客名	顧客住所	商品コード	商品名	単価	個数
OD0001	2023/4/1	CS0001	A商事	東京都港区	B0001	カラーペン	250	20
OD0001	2023/4/1	CS0001	A商事	東京都港区	A0001	付箋	300	20
OD0002	2023/4/1	CS0002	B建設	東京都足立区	A0001	付箋	300	10
OD0003	2023/4/2	CS0003	C電気	神奈川県横浜市	A0002	クリップ	350	25
OD0003	2023/4/2	CS0003	C電気	神奈川県横浜市	B0002	3色ペン	350	10
OD0004	2023/4/3	CS0001	A商事	東京都港区	C0001	OA用紙	500	10
OD0004	2023/4/3	CS0001	A商事	東京都港区	A0002	クリップ	350	30
OD0005	2023/4/3	CS0003	C電気	神奈川県横浜市	A0001	付箋	300	30

　このようなかたちにすると、注文IDから顧客住所までの列で、全く同じデータが繰り返される列がいくつか発生します。そこで、注文IDから顧客住所の列を別の表に切り出し、重複をなくします。注文IDから顧客住所の列を「注文テーブル」、残りを「注文明細テーブル」と名付けます（表3）。

　切り出しの際、結合できるように注文明細テーブルの方にも注文IDを持たせておきます。これで第1正規化は完了です。

▼**表3 テーブルを切り出す**

注文テーブル

注文ID	日付	顧客ID	顧客名	顧客住所
OD0001	2023/4/1	CS0001	A商事	東京都港区
OD0002	2023/4/1	CS0002	B建設	東京都足立区
OD0003	2023/4/2	CS0003	C電気	神奈川県横浜市
OD0004	2023/4/3	CS0001	A商事	東京都港区
OD0005	2023/4/3	CS0003	C電気	神奈川県横浜市

注文明細テーブル

注文ID	商品コード	商品名	単価	個数
OD0001	B0001	カラーペン	250	20
OD0001	A0001	付箋	300	20
OD0002	A0001	付箋	300	10
OD0003	A0002	クリップ	350	25
OD0003	B0002	3色ペン	350	10
OD0004	C0001	OA用紙	500	10
OD0004	A0002	クリップ	350	30
OD0005	A0001	付箋	300	30

結合のために残す

●**第2正規化**

　第2正規化の条件は「主キーの値が決まると、他の列の値が必ず決まる」でした。先ほど分離した注文テーブルと注文明細テーブルについて、この条件に当てはまる列を別の表に切り出します。注文テーブルについては、主キーである注文IDが決まれば、すべての列が決まるので、この条件を満たしています。

　一方、注文明細テーブルですが、商品コードと商品名と単価は、商品コードさえ決まれば残りが決まるようになっています。よって、この部分を「商品テーブル」として切り出します（表4）。

切り出しの際、重複をなくします。そして、結合できるように注文明細テーブルの方にも商品コードを持たせておきます。これで第2正規化は完了です。

▼**表4　第2正規化**

注文テーブル

注文ID	日付	顧客ID	顧客名	顧客住所
OD0001	2023/4/1	CS0001	A商事	東京都港区
OD0002	2023/4/1	CS0002	B建設	東京都足立区
OD0003	2023/4/2	CS0003	C電気	神奈川県横浜市
OD0004	2023/4/3	CS0001	A商事	東京都港区
OD0005	2023/4/3	CS0003	C電気	神奈川県横浜市

注文明細テーブル

注文ID	商品コード	個数
OD0001	B0001	20
OD0001	A0001	20
OD0002	A0001	10
OD0003	A0002	25
OD0003	B0002	10
OD0004	C0001	10
OD0004	A0002	30
OD0005	A0001	30

切り出す

商品テーブル

商品コード	商品名1	単価
A0001	付箋	300
A0002	クリップ	350
B0001	カラーペン	250
B0002	3色ペン	350
C0001	OA用紙	500

●**第3正規化**

第3正規化の条件は「主キー以外の列の値によって、他の列の値が決まることがない」でした。ここで注文テーブルをよく見てみると、顧客名と顧客住所は主キーである「注文ID」ではなく、顧客IDで決まるようになっています。そこで、顧客IDと顧客名と顧客住所を「顧客テーブル」として切り出します（表5）。

切り出しの際、結合できるように注文テーブルの方にも顧客IDを持たせておきます。これで第3正規化は完了です。

いかがですか？　最初の表計算ソフトで管理していたケースと比べて、重複がなくなり、データを一元的に効率よく管理できるようになりました。

ただ、注意していただきたいのは、何でもキッチリ正規化すればよいというものではないということです。たとえば、単価を商品テーブルに切り出すと、一元的に管理できる反面、途中で値引きなどで単価が変更することになった際に対応できなくなるというデメリットも生じます。また、結合する処理を行うと、どうしても全体のパフォーマンスが落ちてしまいます。

他にも、今回のサンプルには登場しませんでしたが、単価×個数で算出する小計の列がある場合、「小計の列は単価と個数がわかれば算出できるから冗長だ」と小計の列を省いたとし

ます。たしかに冗長さはなくせるのですが、小計が必要な度に毎回計算していたのでは、パフォーマンスが落ちてしまいます。

　このように正規化を行う際、単に冗長さを取り除くだけでなく、追加や変更などに対応できる柔軟さやパフォーマンスなどを鑑みて、システムに求められる要件から両者のバランスが取れるよう、着地点を見いだすことが重要になります。

▼表5　第3正規化

注文テーブル

注文ID	日付	顧客ID
OD0001	2023/4/1	CS0001
OD0002	2023/4/1	CS0002
OD0003	2023/4/2	CS0003
OD0004	2023/4/3	CS0001
OD0005	2023/4/3	CS0003

切り出す

顧客テーブル

顧客ID	顧客名	顧客住所
CS0001	A商事	東京都港区
CS0002	B建設	東京都足立区
CS0003	C電気	神奈川県横浜市

注文明細テーブル

注文ID	商品コード	個数
OD0001	B0001	20
OD0001	A0001	20
OD0002	A0001	10
OD0003	A0002	25
OD0003	B0002	10
OD0004	C0001	10
OD0004	A0002	30
OD0005	A0001	30

商品テーブル

商品コード	商品名	単価
A0001	付箋	300
A0002	クリップ	350
B0001	カラーペン	250
B0002	3色ペン	350
C0001	OA用紙	500

資料

資料6 Access 2021の新機能

Access 2021ではいくつか新機能が搭載されました。基本的な機能はAccess 2019を踏襲しつつ、利便性やわかりやすさなどをアップする機能が追加されています。主なものを簡単に紹介します。

（1）「テーブルの追加」作業ウィンドウ

クエリへのテーブル追加は、「テーブルの追加」作業ウィンドウで行うようになりました（画面1の①）。Access 2019以前はテーブル追加を「テーブルの表示」ダイアログボックスで行うのですが、テーブルを一つ追加すると閉じてしまい、さらに追加したい場合は再び開く手間を要していました。Access 2021の「テーブルの追加」作業ウィンドウは、作業中は開いたままなので、複数のテーブルを順次追加していくスタイルの作業が可能となり、クエリの作成をより効率化できます。また、「テーブルの追加」作業ウィンドウはリレーションシップの設定でも利用できます。

▼**画面1　新機能①〜③の例**

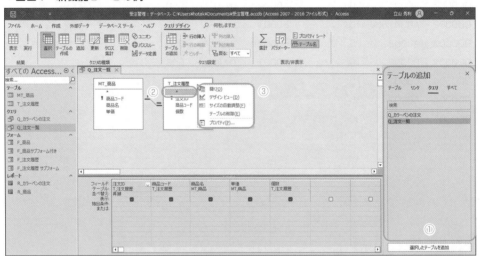

①のおかげで、いちいち開き
なおす手間がなくなったよ

（2）アクティブなタブ

　アクティブなタブは、タブ全体が薄い赤色で強調されるようになりました。Access 2019以前では、タブ名が太字になるだけでしたので、どのタブがアクティブなのか、よりわかりやすくなりました（画面1の②）。また、タブをドラッグすることで用意に並べ替えられます。

（3）クエリデザインビューのテーブルの右クリックメニュー

　クエリデザインビューにて、追加したテーブルを右クリックすると、画面1の③のメニューが表示されます。

・[開く]　　　　　　　テーブルをデータシートビューで開く
・[デザインビュー]　　テーブルをデザインシートビューで開く
・[サイズの自動調整]　すべてのフィールドが表示されるサイズに変更
・[テーブルの削除]　　クエリからテーブルを削除（テーブル本体は削除されない）
・[プロパティ]　　　　テーブルのプロパティウィンドウを開く

　特に便利なのが［サイズの自動調整］です。Access 2019以前では、追加したテーブルのすべてのフィールドが表示されるサイズ（スクロール不要で表示されるサイズ）に変更するために、いちいちドラッグする必要がありました。［サイズの自動調整］すれば、そのサイズに一発で変更できます。

　また、他の右クリックメニューによって、クエリの作成を行いつつ、テーブルを開いて作業することがより簡単に行えるようになりました。

（4）新しい日付／時刻型データ

　テーブルのデータ型に「拡張した日付／時刻」が新たに追加されました。日付の範囲が拡張され、西暦1年1月1日〜9999年12月31日まで対応しています（日付／時刻型は西暦100年1月1日〜9999年12月31日）。精度もナノ秒に対応しています（日付／時刻型は秒）

　もちろん、Access 2019以前の「日付／時刻型」も引き続き使えます。通常は「日付／時刻型」を用い、必要とされる日付の範囲や時間の精度に応じて「拡張した日付／時刻」を用いる、と使い分けましょう。

　Access 2021の新機能は他に、リレーションシップウィンドウやSQLビューの改善、ダークテーマの追加などがあります。

おわりに

　いかがでしたか？　「蔵書」と「受注管理」という２つのデータベースの操作を通じて、Accessによるデータベース構築のコツとツボが、だんだんわかるようになってきましたか？

　「はじめに」でも書きましたとおり、本書は学習範囲をあえて絞ったため、説明できなかった項目や、取り上げられなかった機能がいくつかあります。これらについては、他に良書が多数出版されていたり、Webに情報が公開されていたりするので、それらを参考においおい学習していただければ幸いです。

　Accessによるデータベース構築には、本書の内容以外にも学ぶべきことがまだまだたくさんあります。みなさんがそのような学習に取り組むための出発点に本書がなることをお祈りしています。

索 引

立山　秀利（たてやま　ひでとし）

フリーライター。1970年生まれ。

筑波大学卒業後、株式会社デンソーでカーナビゲーションのソフトウェア開発に携わる。

退社後、Web プロデュース業を経て、フリーライターとして独立。現在は『日経ソフトウエア』や日経パソコン、週刊東洋経済等でPythonやVBA、プログラミング全般、AI関連の記事等を執筆中。『PythonでExcelやメール操作を自動化するツボとコツがゼッタイにわかる本』『図解！　Pythonのツボとコツがゼッタイにわかる本　"超"入門編』『図解！　Pythonのツボとコツがゼッタイにわかる本　プログラミング実践編』『Excel VBAのプログラミングのツボとコツがゼッタイにわかる本 [第2版]』『VLOOKUP関数のツボとコツがゼッタイにわかる本』『図解！　Excel VBAのツボとコツがゼッタイにわかる本　"超"入門編』（秀和システム）、『入門者のExcel VBA』『実例で学ぶExcel VBA』『入門者のPython』（いずれも講談社）など著書多数。

Excel VBA セミナーも開催している。

セミナー情報　http://tatehide.com/seminar.html

・Python 関連書籍

「PythonでExcelやメール操作を自動化するツボとコツがゼッタイにわかる本」

「図解！　Pythonのツボとコツがゼッタイにわかる本　"超"入門編」

「図解！　Pythonのツボとコツがゼッタイにわかる本　プログラミング実践編」

・Excel 関連書籍

『Excel VBAでAccessを操作するツボとコツがゼッタイにわかる本 [第2版]』

『Excel VBA のプログラミングのツボとコツがゼッタイにわかる本』

『続 Excel VBA のプログラミングのツボとコツがゼッタイにわかる本』

『続々 Excel VBA のプログラミングのツボとコツがゼッタイにわかる本』

『Excel 関数の使い方のツボとコツがゼッタイにわかる本』

『デバッグ力でスキルアップ！ Excel VBAのプログラミングのツボとコツがゼッタイにわかる本』

『VLOOKUP関数のツボとコツがゼッタイにわかる本』

『図解！ Excel VBAのツボとコツがゼッタイにわかる本　"超"入門編』

『図解！ Excel VBAのツボとコツがゼッタイにわかる本　プログラミング実践編』

・Access 関連書籍

『Access のデータベースのツボとコツがゼッタイにわかる本 2019/2016対応』

『Accessマクロ&VBAのプログラミングのツボとコツがゼッタイにわかる本 2019/2016対応 』

カバーデザイン・イラスト　mammoth.

Accessのデータベースの
ツボとコツがゼッタイにわかる本
2021/2019/Microsoft 365
対応

発行日	2023年　3月23日	第1版第1刷

著　者　立山　秀利

発行者　斉藤　和邦
発行所　株式会社　秀和システム
　　　　〒135-0016
　　　　東京都江東区東陽2-4-2　新宮ビル2F
　　　　Tel 03-6264-3105（販売）Fax 03-6264-3094
印刷所　三松堂印刷株式会社　　　　　　Printed in Japan

ISBN978-4-7980-6936-4 C3055